CSP认证
程序设计竞赛入门

◎ 主　编　陈　宇
◎ 副主编　李　丹　边继龙

哈尔滨工业大学出版社
HITP　HARBIN INSTITUTE OF TECHNOLOGY PRESS

内容提要

本书系统地介绍了 CSP(计算机软件能力)认证所需的基本知识和常用方法,并根据具体的实例来编程实现,在注重算法基本知识的同时,突出了学习方法和实践技巧。全书共分12 章,包括 CSP 认证基础、枚举、数学问题、C＋＋标准模板库、排序算法、字符串、二分算法、前缀和与差分、线段树、树状数组、搜索和动态规划。书中的代码规范、简洁、易懂,不仅能帮助读者理解算法原理,还能教会读者很多实用的编程技巧。

本书既可以作为高等学校信息与计算科学、计算机专业及信息安全专业的算法设计课教材,也可以作为大中学校计算机竞赛及 CSP 计算机软件能力认证的培训教材,还可供计算机软硬件研发人员参考。

图书在版编目(CIP)数据

CSP 认证程序设计竞赛入门/陈宇主编. —哈尔滨:
哈尔滨工业大学出版社,2023.10
ISBN 978－7－5767－1083－0

Ⅰ.①C… Ⅱ.①陈… Ⅲ.①程序设计 Ⅳ.
①TP311.1

中国国家版本馆 CIP 数据核字(2023)第 202984 号

CSP RENZHENG CHENGXU SHEJI JINGSAI RUMEN

策划编辑 刘培杰 张永芹
责任编辑 李广鑫
封面设计 孙茵艾
出版发行 哈尔滨工业大学出版社
社 址 哈尔滨市南岗区复华四道街 10 号 邮编 150006
传 真 0451－86414749
网 址 http://hitpress.hit.edu.cn
印 刷 哈尔滨圣铂印刷有限公司
开 本 787mm×1 092mm 1/16 印张 22.25 字数 444 千字
版 次 2023 年 10 月第 1 版 2023 年 10 月第 1 次印刷
书 号 ISBN 978－7－5767－1083－0
定 价 58.00 元

前　言

19 世纪至 20 世纪是人类科学技术飞速发展的时代,其中计算机技术的发展对促进所有工程学科的发展起到了至关重要的作用。21 世纪是信息时代,作为信息科学和计算机科学重要分支的算法设计领域受到了人们越来越多的关注。CSP(计算机软件能力)认证作为一种考试,重点考查的是软件开发者实际编程能力,认证内容主要覆盖大学计算机专业所学习的程序设计、数据结构、算法以及相关的数学基础知识。

本书系统地介绍了 CSP 认证所需的基本知识和算法设计常用方法,并根据具体的实例来编程实现,在注重 CSP 认证基本知识的同时,突出了学习方法和实践技巧。全书共分 12 章,第 1 章介绍了 CSP 认证基础,包括 C + +语言基础及编程工具的使用。第 2 章介绍了枚举算法,主要介绍了暴力枚举和二进制枚举。第 3 章介绍了 CSP 竞赛中的数学问题,主要包括 GCD 算法及素数求解的方法。第 4 章介绍了 C + +中常用的 STL 容器使用方法,包括 vector、set、map、queue、stack 等容器。第 5 章介绍了常用的排序算法,包括快速排序和桶排序,并给出了比较函数 cmp 的编写方法。第 6 章主要介绍了 String 类的使用方法,并介绍了字符串的处理方法。第 7 章主要介绍了二分算法的基本原理,并给出了整数二分和实数二分的编写方法。第 8 章主要介绍了前缀和的使用方法和数列差分,并介绍了二维前缀和的计算方法。第 9 章主要介绍了线段树的基本原理,具体包括建树、插入和删除等基本操作。第 10 章主要介绍了树状数组的基本原理,还阐述了树状数组的具体应用。第 11 章主要介绍了搜索算法,具体包括深度优先搜索和广度优先搜索。第 12 章主要介绍了动态规划算法的基本原理,还阐述了基本的 DP 算法以及 0/1 背包问题的求解方法。本书覆盖了 CSP 认证所需的基本知识点,并附有大量的应用实例。书中的代码规范、简洁、易懂,不仅能帮助读者理解算法原理,还能教会读者很多实用的编程技巧。

本书第 1 ~ 3 章由李丹编写,第 4 ~ 7 章由边继龙编写,第 8 ~ 12 章由陈宇编写,全书由陈宇定稿。

本书在编写过程中参考了很多国内相关文献资料,并得到了黑龙江省计算机学会竞赛分委会的大力支持。同时感谢湖南大学的吴昊博士对本书撰写的帮助,以及东北林业大学 ACM 集训队的队员们对本书的算法进行的测试,他们为本书的出版付出了辛勤的劳动,做出了很大的贡献。

由于时间和水平所限,书中难免存在不足和疏漏之处,欢迎同仁或读者指正。如果在阅读中发现问题,请通过书信或电子邮件告诉我们,我们期望读者对本书提出建设性意见,以便修订再版时改进。读者可以通过以下方式与作者联系:nefu_chenyu@163.com.

作者

2023 年 6 月于哈尔滨

目　　录

第 1 章　CSP 认证基础

本章要点:本章介绍 CSP 认证主要考点、C + +语言基础及 Codeblocks 软件的使用。

1.1 主要介绍 CSP 相关内容、CSP 主要考点。

1.2 主要介绍 C + +语言、C + +语言程序结构、DevC + +/CodeBlocks 软件的使用。

1.1　CSP 认证

1.1.1　CSP 认证概述

中国计算机学会(China Computer Federation,简称 CCF),是由从事计算机及相关科学技术领域的科研、教育、开发、生产、管理、应用和服务的个人及单位自愿结成、依法登记成立的全国性、学术性、非营利学术团体,是中国科学技术学会成员。

CCF 计算机软件能力(Certified Software Professional,简称 CSP)认证是 CCF 计算机职业资格认证系列中最早启动的一项认证。该项认证重点考查软件开发者实际编程能力,由中国计算机学会统一命题、统一评测,委托各地设立的考试机构进行认证考试。该项认证每年大约3、9、12 月各举办一次,自 2014 年推出以来,短短 3 年内便先后共有 73 个考点,43 479 人次参加认证,认证影响力与日俱增。

2017 年,CSP 认证工作迈上了一个新台阶,取得了可喜的成果。CSP 认证已成为衡量个人计算机专业能力的重要标准,越来越多的本科生、研究生、在职人员为了提高自身的专业能力参加 CSP 认证。CSP 认证受到越来越广泛的社会认可。

清华大学从 2014 年起保研、考研机试不再单独命题,全部采用 CSP 认证标准和结果作为机试成绩。北京航空航天大学、北京邮电大学、山东大学、国防科技大学、西安电子科技大学在保研招生和考研招生中认可 CSP 认证成绩,允许考生用 CSP 认证成绩替代机试成绩(即可以不再参加该校自己组织的机试)。同济大学、湖南大学、哈尔滨工业大学将 CSP 认证成绩作为该校本科生获得保研资格的主要考虑条件之一。湖南大学将 CSP 认证计入该校本科生培养计划中,将 CSP 认证成绩与学分挂钩。

此外,CCF 每次认证向社会公布的高校 CSP 成绩排名也具有很高的权威性。目前全国 96 所高等学校成立了 CSP 认证点,将 CSP 认证纳入教学环节;中科院计算所等科研院所将 CSP 认证作为选拔人才的重要依据;知名企业如华为、百度、腾讯、阿里巴巴、360 公司、金蝶、微软、英特尔、滴滴出行等也将 CSP 认证作为遴选人才的标准。

1.1.2　CSP 认证简介

CSP 认证要求上机编程,考试过程中由认证方提供编译环境,考试可携带正规出版物等纸质材料,不允许携带电子设备。考试卷面有 5 道题,难度依次递进,每题满分 100 分,考试满分为 500 分,考试时间为 4 小时(13:30～17:30),成绩评测为黑盒测试,每道题共设 10 个测试点,各 10 分,依据测试用例判断程序是否输出正确结果评分。

考试共有 5 道题目,难度介绍如下。

第一题:单循环 + 分支语句即可完成,例如给出输入数据中偶数的个数。一般为简单题,C + + 基本语言知识扎实即可通过全部样例。

第二题:可能需要多重循环/对数据进行排序等常见操作,例如点击窗口问题。相较于第一题难度略有提高,有较多的陷阱,暴力做法一般难以通过全部样例。

第三题:算法难度不大,但具有一定工作量,例如命令行选项分析。一般题目较长,略有思维难度。

第四题:具备一定算法难度,例如广度优先图遍历算法、最短路径算法(图论)、DP,但从题目到算法的映射不难。题目难度较大。

第五题:不仅具备算法难度,如动态规划算法,而且将题目抽象到算法模型也有难度,题目难度极大。

考试内容主要覆盖大学计算机专业所学习的程序设计数据结构以及算法,以及相关的数学基础知识,具体知识要求如下。

(1)程序设计基础涉及逻辑与数学运算、分支循环、过程调用(递归)、字符串操作、文件操作等。

(2)数据结构涉及线性表(数组、队列、栈、链表)、树(堆、排序二叉树)、哈希表、集合与映射、图等。

(3)算法与算法设计策略涉及排序与查找、枚举、贪心策略、分治策略、递推与递归、动态规划、搜索、图论算法、计算几何、字符串算法、线段树、随机算法、近似算法等。

1.2　C++语言介绍

1.2.1　概　　述

C++(C plus plus)是一种计算机高级程序设计语言,由 C 语言扩展升级而产生,最早于 1979 年由本贾尼·斯特劳斯特卢普在 AT&T 贝尔工作室研发。C++拥有计算机运行的实用性特征,同时还致力于提高大规模程序的编程质量与程序设计语言的问题描述能力。

CSP 是一项益智性的竞赛活动,核心是考查选手的智力和使用计算机解题的能力,选手首先针对竞赛题目的要求构建数学模型,进而构造出计算机可以接受的算法,之后编写出计算机能够执行的程序。第一步就是要熟练掌握一门程序设计语言,目前在 CSP 中最主流的是 C++语言,所以本章节将重点介绍 C++的常见用法以及 CodeBlocks 软件的使用。

1.2.2　C++语言的特点

1. 与 C 语言兼容

如果你有学习 C 语言的经验,那么可以说你几乎可以直接上手 C++。C++与 C 语言完全兼容,C 语言的绝大部分内容可以直接用于 C++的程序设计,用 C 语言编写的程序可以不加修改地用于 C++。

2. 语言简洁,使用方便

相较于某些语言,C++几乎不需要你去干一些很累的活,或者说即写即用。而 C++中一些功能也方便了不少,特别是对于我们面对 CSP、ICPC 等算法竞赛上,是相当便捷的。

3. 效率高,运行时间短

C++在这一方面的功能是十分显著的,在代码逻辑和时间复杂度完全相同的两个程序中,C++甚至可能会比 Python 快 10 倍。因此在算法竞赛中,广大爱好者会将 C++作为自己的语言。

4. 可移植性强

对于广大学生来说,如果一种语言直接复制过来就能直接运行,那真是再好不过了。是的,C++的优势之处就是在这里,在一个环境下运行的程序不加修改或少许修改就可以在完全不同的环境下运行。

1.2.3　C++语言系统的使用

本节会教你使用 CodeBlocks 来编写代码。

以上两个软件流传较为广泛,且机房电脑基本均已安装。

首先是简单的下载和安装,如图1.1所示。点击 Next 进行下一步,如图1.2所示。

图1.1

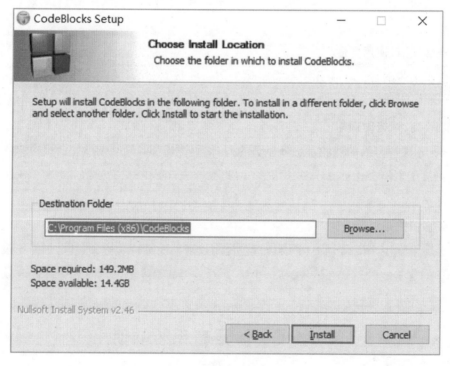

图1.2

这里可以选择一个硬盘大小足够的,如图 1.3 所示。

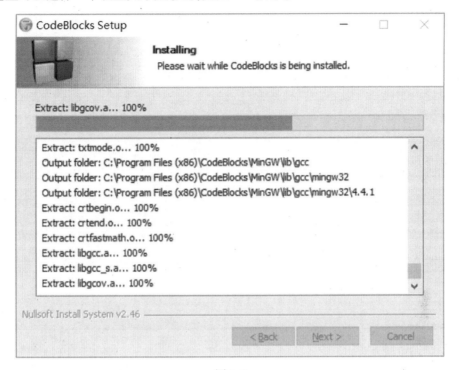

图 1.3

点击左上角的 File – New – File,如图 1.4 所示。

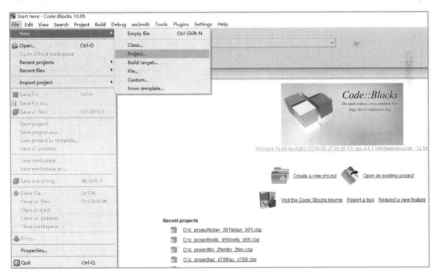

图 1.4

起好想要的名字之后注意保存类型是 . cpp/. c,如图 1.5 所示。然后我们按照图中编写第一个程序,然后点击"▶"即可运行,如图 1.6 所示。

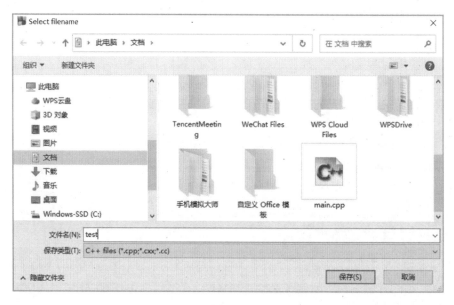

图 1.5

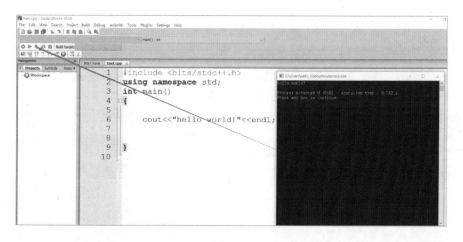

图 1.6

以上就是安装并使用 CodeBlocks 的教程。

1.2.4　C++语言程序结构

通常,在一个C++程序中,一般只有.h 和.cpp。其中.cpp 被称为C++源文件,里面存放的是源代码,而.h 被称为头文件,里面也是C++的源代码。这里就不再过多地去讲解头文件有哪些以及具体的内容。

我们来写下第一个代码:

#include ＜bits/stdc++.h＞

using namespace std;

```
int main( ) {
    cout < < " Hello Nefu" < < endl;
    return 0;
}
```

使用万能头文件 #include < bits/stdc + + . h > 只是为了可以在程序比赛中节省时间,包含了大多数算法竞赛中的头文件,但是这在工程任务当中不是一个好的编程习惯。比如变量名不能再用 x1 和 y1,否则会编译错误。建议大家熟知并总结常用头文件。

一般来说,如果我们想要引用 STL,则需要去写相关的头文件,如 < queue >/ < vector > 等。

在 C 语言中,我们常用 scanf 进行输入,而在本章中,我们将介绍 C + + 的输入。

cin、cout 是不需要读地址和变量类型的,这一点需要与 scanf 去进行区分。

例如:

string s;cin > > s; int x;cin > > x; double t;cin > > t;

cout < < s < < " " < < x < < " " < < t < < " " < < endl;

cout < < setprecision(4) < < f < < endl;　//代表保留 3 位小数输出

此外,有一些题面则是需要读一句话而不是单个变量。

比如说输入:YES OR NO

我们用 cin 肯定是读不了这种带空格的,这时候我们就需要用到 getline:

```
#include < bits/stdc + + . h >
using namespace std;
string s;
int main( ) {
    getline(cin,s);
    cout < < s < < endl;
    return 0;
}
```

事实上,在书上阅读代码其实是很抽象的,想要提高代码的编写能力,还是需要读者自行去编写。

1.3　例题精选

例 1.1　a + b problem(nefu oj 1)　计算 a + b 的值(a,b < = 10)。

输入:

3　4

输出：

7

分析：

该题就是最基本的 a + b,考查我们简单的编程基础。

代码：

```
#include < bits/stdc + + . h >

using namespace std;

int a,b;

int main( ){

cin > >a > >b;//读入 a,b 两个变量

cout < < a + b < < endl;//输出 a + b

}
```

例1.2 三角形面积(nefu oj 13) 已知三角形的底和高,求出三角形的面积。

输入：

每行输入底和高。

输出：

每行输出三角形的面积,精确到三位小数。

分析：

输出三角形的面积,保留 3 位小数,旨在让读者学会小数的运算。

代码：

```
#include < bits/stdc + + . h >

using namespace std;

double a,b;

int main( ){
    cin > >a > >b;//读入 a,b 两个变量
    printf("%.3f",a * b/2);//输出三角形的面积
}
```

例1.3 字符串合并(nefu oj 31) 有多组数据,每次给定两个字符串,让你将其合并成一个串。

输入：

abcd ef

输出：

abcdef

分析:

运用了 C + + 中 string 的特性,合并 str1 和 str2 即为 str1 + str2。

代码:

```
#include < bits/stdc + + . h >
using namespace std;
string str1 , str2;
int main( ) {
    while( cin > > str1 > > str2) {
        string str3 = str1 + str2;
        cout < < str3 < < endl;
    }
}
```

例 1.4　斐波那契数列(nefu oj 85)　有多行数据,输出第 n 个斐波那契项(n < = 50)。

输入:

2

输出:

2

分析:

斐波那契我们并不陌生,但是我们应当考虑数据范围,这题数据使用 int 类型会溢出,因此我们应该换为 long long。此外,我们可以预处理 1 ~ 50 个斐波那契项。

代码:

```
#include < bits/stdc + + . h >
using namespace std;
long long fib[ 70] , x;
int main( ) {
    fib[ 1] = fib[ 2] = 1;
    for( int i = 3; i < = 60; i + + ) {
        fib[ i] = fib[ i - 1] + fib[ i - 2];
    }
    while( cin > > x) {
        cout < < fib[ x] < < endl;
    }
}
```

例 1.5 计算 N! （nefu oj 86）计算 N!

输入：

2

输出：

2

分析：

该题考查基础，注意数据范围。

代码：

```cpp
#include <bits/stdc++.h>
using namespace std;
long long fac[70],x;
int main(){
    fac[0]=1;
    for(int i=1;i<=60;i++){
        fac[i]=fac[i-1]*i;
    }
    while(cin>>x){
        cout<<fac[x]<<endl;
    }
}
```

1.4 作 业

1. 求幂的长度（nefu oj 94. https://acm.webvpn.nefu.edu.cn/problemShow.php? problem_id=94）。

2. 快来找一找（nefu oj 100. https://acm.webvpn.nefu.edu.cn/problemShow.php? problem_id=100）。

3. 斐波那契的整除（nefu oj 115. https://acm.webvpn.nefu.edu.cn/problemShow.php? problem_id=115）。

第2章 枚 举

本章要点:介绍信息学中的枚举的相关方法。

2.1 主要介绍暴力枚举的概念和应用。

2.2 主要介绍二进制枚举的概念和应用。

2.1 暴力枚举

2.1.1 概 述

暴力(brute force)又称穷举法、枚举法,其基本思想是根据题目的部分条件确定答案的大致范围,并在此范围内对所有可能的情况逐一验证,直到全部情况验证完毕。若某个情况验证符合题目的全部条件,则为本问题的一个解;若全部情况验证后都不符合题目的全部条件,则本题无解。

并不是所有的问题都可以使用枚举算法来求解,只有当问题的所有可能解的个数不太多,并在可以接受的时间内得到问题的所有解时,才有可能使用枚举算法。

枚举算法是一种针对密码的破译方法。这种方法很像数学上的"完全归纳法"并在密码破译方面得到了广泛的应用。简单来说就是将密码进行逐个推算直到找出真正的密码为止。比如一个4位数字,其密码共有10 000种组合,也就是说最多我们会尝试9 999次才能找到真正的密码。利用这种方法我们可以运用计算机来进行逐个推算,我们破解任何一个密码也都只是时间问题。

例如,经典的百元百鸡问题:"鸡翁一值钱5,鸡母一值钱3,鸡雏三值钱1。百钱买百鸡,问鸡翁、母、雏各几何?"

我们可以根据题意列出方程组:

$$鸡翁 + 鸡母 + 鸡雏 = 100 \tag{1}$$

$$鸡翁 \times 5 + 鸡母 \times 3 + 鸡雏/3 = 100 \tag{2}$$

显然这是一个不定方程,我们可以枚举所有3个变量的可能取值,然后代入(1)(2)判断合法性.这样可以在 $O(n^3)$ 的时间复杂度内解决本题(n 为问题规模).

当然,我们如果借助(1)式,用其中两个变量表示另外一个变量.再用(2)式检验,这样枚举的规模便下降到 $O(n^2)$。

进一步,如果我们用数学方法处理(1)(2),将所有变量用一个自由元表示,这样只需检验是否满足整除性的要求即可,时间复杂度便降为 $O(n)$。

这启示我们:即使运用暴力法,不同的处理方法和枚举对象也会带来不同复杂度或常数级的优化.所以,暴力法解题的核心是复杂度分析和算法优化。

枚举算法的解题过程分两步:

(1)逐一列举可能的解的范围。

这个过程用循环结构实现。

(2)对每一个列举可能的解进行检验,判断是否为真正的解。

这个过程用选择结构实现。

枚举算法 = 循环结构 + 选择结构。

循环结构内嵌套选择结构。

例 2.1 密码箱(nefu oj 572) 小明的密码箱打不开了,小明的密码箱是传统的 3 位滚轮密码。小明完全不记得他的密码了,所以他从 000 开始以升序开始尝试,他已经试到第 abc 位密码了,可是箱子还是没有打开,他希望你将之后所有可能尝试的密码输出,这样他就可以完全不去思考,让他拨动密码盘更有效。

输入:

每行输入一个整数 n(0 < n < 1000),n 没有前缀 0。

输出:

n 之后所有可能尝试的密码。

分析:

范围不大,只要从 n 开始,for 循环枚举到 999 就好了。

代码:

```
int main(){
    scanf("%d",&n);
    for(int i=n;i<=999;i++)
        printf("%d\n",i);
}
```

例 2.2 纸牌游戏(nefu oj 573) 在小明曾经玩过的一种对号码的纸牌游戏里,玩家必须从 {1,2,…,49} 中选择 6 个数。玩纸牌游戏的一个流行策略是(虽然它并不增加你赢的机会)从这 49 个数中,选出 k(k>6) 个数组成一个子集 S,然后只从 S 里拿出牌来玩几局游戏。

例如,k = 8,s = {1,2,3,5,8,13,21,34},那么有 28 场可能的游戏:[1,2,3,5,8,13],[1,2,3,5,8,21],[1,2,3,5,8,34],[1,2,3,5,13,21],…,[3,5,8,13,21,24]。取数字 k 和一组数 S,输出由 S 中的数组成的所有可能的游戏。

输入:

输入数据有多组,每组一行,每行有多个整数,其中第一个整数为数字 k,接下来有 k 个整数,即子集 S。当 k 为 0,输入结束。

输出:

输出由 S 中的数组成的所有可能的游戏。每种游戏一行。

分析:

枚举,把每一种情况罗列出来并输出。如何枚举? 定义 6 个循环变量,i1,i2,i3,i4,i5,i6。a[i1] – a[i6] 为从 k 个数中取出的 6 个数,它们之间的关系为 i1 < i2 < i3 < i4 < i5 < i6。因此 a[i1] 只能为前 k – 5 个数中的一个,a[i2] 只能为前 k – 4 个数中的一个……最后依次输出 a[i1] – a[i6]。

代码:

```cpp
#include  <stdio. h >
using namespace std;
int main( )
{
    int k,a[55];
    while( ~ scanf( "% d" ,&k) )
    {
        if( k = =0) break;
        for( int i = 1; i < = k; i + +)
            scanf( "% d" ,&a[i]);
for( int i1 = 1; i1 < = k – 5; i1 + +)
    {
        for( int i2 = i1 + 1; i2 < = k – 4; i2 + +)
        {
            for( int i3 = i2 + 1; i3 < = k – 3; i3 + +)
            {
                for( int i4 = i3 + 1; i4 < = k – 2; i4 + +)
                {
```

```
                    for( int i5 = i4 + 1 ; i5 < = k − 1 ; i5 + + )

                        {

                          for( int i6 = i5 + 1 ; i6 < = k ; i6 + + )

                            {

printf( "% d % d % d % d % d % d\n" , a[ i1 ] , a[ i2 ] , a[ i3 ] , a[ i4 ] , a[ i5 ] , a[ i6 ] ) ;

                            }

                        }

                    }

                }

            }

        }

    return 0 ;

    }
```

例 2.3 高数考试(nefu oj 2365) 高数考试结果已经出来了,现在老师想知道有几名同学高数考试没及格,假设 1 个班级有 N 名同学。

输入:

输入数据有多组,每组 1 行,第 1 个数是 N(1 < = N < = 1000),接下来有 N 个数,这 N 个数都是 0 到 100 之间的整数。

输出每组的 N 个数中有多少个是小于 60 的? 记得输出结果后要换行。

解:直接暴力,对每一个人判断是否及格。

代码:

```
#include < stdio. h >
using namespace std ;
int main( )
{
  int n , a[ 1010 ] ;
  while( ~ scanf( "% d" , &n ) )//相当于 while( scanf( "% d" , &n ) ! = EOF)
  {
    for( int i = 1 ; i < = n ; i + + )
      scanf( "% d" , &a[ i ] ) ;
    int ans = 0 ;
```

```
    for( int i = 1 ; i < = n ; i + + )
    {
        if( a[ i ] < 60 )
            ans + + ;
    }
    printf( "% d\n" , ans ) ;
}
    return 0 ;
}
```

2.1.2　例题精选

例 2.4　级数求和(noip2002 普及组)　设 $Sn = 1 + 1/2 + 1/3 + 1/4 + \cdots + 1/n$,求一个最小的 n 满足 $Sn > k(k < = 15)$。

输入:

1

输出:

2

分析:

枚举 n 从 1 开始,直到 $Sn > k$ 结束,只需要一个循环即可实现。

数学功底深厚的读者们可以去了解调和级数的相关知识,从而本题也可以在常数的时间复杂度内解决。此外,本题的复杂度为 $O(e^k)$,也与调和级数有关。

代码:

```
#include < cstdio >
int main( ) {
    int k , n = 0 ;
    scanf( "% d" , &k ) ;
    for( double Sn = 0 ; Sn < = k ; + + n , Sn + = 1.0/n ) ;
    printf( "% d\n" , n ) ;
    return 0 ;
}
```

例 2.5　分数拆分(uva 10976)　给定 k,求所有正整数满足 $1/k = 1/x + 1/y$ 及方案数。

输入:

12

输出:

8

$1/12 = 1/156 + 1/13$

$1/12 = 1/84 + 1/14$

$1/12 = 1/60 + 1/15$

$1/12 = 1/48 + 1/16$

$1/12 = 1/36 + 1/18$

$1/12 = 1/30 + 1/20$

$1/12 = 1/28 + 1/21$

$1/12 = 1/24 + 1/24$

分析:

我们考虑直接暴力枚举,那么如何枚举? 又如何确定枚举的上界与下界?

枚举 y,然后显然要使得 $y > k$,因此我们枚举的下界就是 $k + 1$,那么枚举的上界是什么呢? 显然是在 $x = y$ 的时候就不能够再去枚举了。代入 $x = y = k$,因此 y 此时就是 $2k$。因此我们枚举的范围就是 $[k + 1, 2k]$。复杂度 $O(k)$。

代码:

```cpp
#include <bits/stdc++.h>
using namespace std;
int k,idx;
int a[200005],b[200005];
int f(int x){//分数加法
int m = k * x,s = x - k;
int t = __gcd(m,s);
if(s/t! =1)return 0;//直接在计算函数中判断这个结果是否正确,不正确返回0,否则把分母返回
return m/t;
}
int main(){
ios::sync_with_stdio(0);
cin.tie(0);
cout.tie(0);
```

```
while(cin >> k){
  idx = 0;
  for(int i = k + k; i > k; i − −){//逆序枚举
    int t = f(i);
  if(t){
  a[ + + idx] = i;//储存答案
      b[idx] = t;
    }
  }
  cout << idx << endl;
  for(int i = idx; i; i − −)cout << "1/" << k << " = 1/" << b[i] << " + 1/"
<< a[i] << endl;//逆序输出
}
  return 0;
```

2.2　二进制枚举

2.2.1　位运算

1. 算数位运算

(1)与(&)。

对于指定的两个数 A = 60(0011 1100),B = 13(0000 1101),执行操作 A&B = 12(0000 1100),就是对二进制每一位进行了一次"与"操作,同为 1,结果为 1,否则为 0。

(2)或(|)。

对于指定的两个数 A = 60(0011 1100),B = 13(0000 1101),执行一下操作 A|B = 61(0011 1101),就是对二进制每一位进行了一次"或"操作,同为 0,结果为 0,否则为 1。

(3)非按位取反(~)。

对于指定的一个数 A = 60(0011 1100),执行以下操作 ~A = 195(1100 0011)。就是对二进制每一位进行了一次取反操作,若二进制数位 0,则变成 1,否则变成 0。

(4)异或运算。

异或,英文为 exclusive OR,缩写成 xor。

异或是一个数学运算符,它应用于逻辑运算。"异或"的数学符号为"$\oplus$",计算机符号为"xor"。其运算法则为:$a \oplus b = (-a \wedge b) \vee (a \wedge -b)$。如果 a、b 两个值不相同,则异或结果为 1;如果 a、b 两个值相同,则异或结果为 0。异或也叫半加运算,其运算法则相当于不带进位的二进制加法:二进制下用 1 表示真,0 表示假。则异或的运算法则为:$0 \oplus 0 = 0, 1 \oplus 0 = 1, 0 \oplus 1 = 1, 1 \oplus 1 = 0$(同为 0,异为 1),这些法则与加法是相同的,只是不带进位。异或一个非常重要的性质:对于一个值异或两次,则结果还是原值。

在 C/C++中,"异或"用"^"符号表示;

例如:对于指定的两个数 A = 60(0011 1100),B = 13(0000 1101),执行一下操作 A^B = 49(0011 0001)就是对二进制每一位进行了一次"异或"操作,即非进位加法。

2. 移位操运算

(1)左移(< <)。

例如:A = 5(0101)如果向左移动一位即 A < <1 结果为 1010,十进制的 10。二进制中的左移就是乘二操作,在 C/C++中左移运算速度比乘二速度要快。

(2)右移(> >)。

例如:A = 5(0101)如果向右移动一位即 A > >1 结果为 0010,十进制的 2。二进制中的左移就是除二操作(舍去小数)。

例 2.6 异或运算(nefu oj 2366) 一共有 n 个数,有 1 个数只出现一次,其他数出现偶数次。

分析:

设一个答案数,其他输入对他进行异或即可。

代码:

```
int main( ){
    int n;
    while( ~scanf("%d",&n)){
        int ans =0,x;
        scanf("%d",&ans);
        n − −;
        while(n − −){
            scanf("%d",&x);
            ans = ans ^ x;
        }
        printf("%d\n",ans);
    }
```

```
    return 0;
}
```

2.2.2　二进制枚举

二进制枚举利用的是二进制下 n 位长度的数有 2^n 个,一个有 n 个元素的集合子集个数也为 2^n 个,所以可以利用二进制的 1,0 和集合中的元素联系起来他可以实现组合也可以实现容斥。

对一个二进制来说 1 代表取这个元素,0 代表不取这个元素,1 和 0 所在的位置代表元素的位置,这样的思想有时候给解题目提供了很大的便利,举个例子如集合 {a,b,c,d,e}。

当二进制 00000 就代表什么都不取,10000 代表取 a,01000 代表取 b,11000 代表取 a,b。

所以我们需要枚举的数量就是 00000 到 11111,也就是 0 到 1 < <n 位, < <代表左移操作。

例 2.7　和为 k(nefu oj 1205)　给出长度为 n 的数组,求能否从中选出若干个,使他们的和为 k。如果可以,输出:Yes,否则输出 No。

输入:

第一行:输入 n,k,为数组的长度和需要判断的和($2 < = n < = 20, 1 < = k < = 10^9$)。

第二行:n 个值,表示数组中元素的值($1 < = a[i] < = 10^6$)。

输出:

输出 Yes 或 No。

分析:

我们可以看到这道题有一个长度为 n 的数组。我们在这个数组中选取几个数,看最终和是否为 k。那么我们可以这样想,在 n 中选数,如果我们有一个长度为 n 的 01 串,其中串的第 i 个位置相当于数组 a[i] 这个数,如果串为 1,就选取这个数,如果为 0 就不选这个数。那么我们如果将这个长度为 n 的 01 串,每一种情况都找到,然后去对应数组,这样就可以得到所有可能的加和结果。最后去判断是否为 k 即可。

代码:

```
int main( ) {
int f = 1;
for( int i = 0; i < (1 < <n); i + +) {
    int sum = 0;
    for( int j = 0; j < n; j + +) {
        if( i&(1 < <j)) {
```

```
        sum + = a[j];
      }
    }
  if( sum = = k){
      f = 0;
      cout < < "Yes" < < endl;
      break;
  }
  if( f = = 1)cout < < "No" < < endl;
}
return 0;
}
```

例 2.8　陈老师加油(nefu oj 1505)　陈老师经常开车在哈尔滨的大街上行驶,假设刚开始油箱里有 T L 汽油,每看见加油站陈老师就要把汽油的总量翻倍(就是乘 2);每看见十字路口汽油就要减少 1 L。最后的时候陈老师的车开到一个十字路口,然后车就没油了,就熄火了。然后他就开始回忆,一路上一共遇到 5 个加油站,10 个十字路口,问造成这种境遇有多少种可能?

输入:

输入一个 T(1 < = T < = 100)。

输出:

输出可能的方案数。

分析:

5 个加油站,10 个十字路口,就枚举长度为 15 的 01 串。判断是否能走到最后一个路口,且正好没油。

代码:

```
int main( ){
  int t;
  cin > > t;
  int ans = 0;
  for( int i = 0;i < (1 < <15);i + + ){
    int k1 = 0,k2 = 0,f = 1,tmp = t;
    for( int j = 0;j < 15;j + + ){
```

```
        if(i&(1 < <j)){
          k2 + + ;
          tmp * = 2;
        }
        else{
          k1 + + ;
          tmp - - ;
          if(tmp < =0){
            break;
          }
        }
        if(k1 = = 10&&k2 = = 5&&tmp = = 0) ans + + ;
      }
    }
  cout < < ans < < endl;
}
```

例 2.9 背包 – Easy(nefu oj 1392) 一个旅行者有一个最多能装 m kg 的背包,现在有 n 件物品,它们的质量分别是 W1,W2,…,Wn,它们的价值分别是 C1,C2,…,Cn。若每种物品只有一件,求旅行者能获得的最大总价值。

输入:

第一行:两个整数,M(背包容量,M < =200)和 N(物品数量,N < =25);

第 2,…,N +1 行:每行二个整数 Wi,Ci,表示每个物品的质量和价值。

输出:

仅一行,一个数,表示最大总价值。

输入样例:

10 4

2 1

3 3

4 5

7 9

输出样例:

12

分析:

我们可以运用枚举子集的方式尝试取得部分分数或者验证我们的程序是否正确。

记第 i 种草药选中为 1,不选为 0,共有 2^n 种情况,枚举这些情况逐一检查即可。

代码:

```
void calc(int s){
    int now = 0, val = 0;
    for(int i = 0; i < n; ++i){
        if(s&(1 << i)) now += w[i], val += v[i];
        if(now <= < MaxWeight) ans = max(ans, val);
    }
}
for(int s = 0; s < (1 << n); ++s) calc(s);
```

2.3 递归搜索

程序调用自身的编程技巧称为递归(recursion)。递归作为一种算法在程序设计语言中广泛应用。一个过程或函数在其定义或说明中有直接或间接调用自身的一种方法,它通常把一个大型复杂的问题层层转化为一个与原问题相似的规模较小的问题来求解,递归策略只需少量的程序就可描述出解题过程所需要的多次重复计算,大大地减少了程序的代码量。递归的能力在于用有限的语句来定义对象的无限集合。一般来说,递归需要有边界条件、递归前进段和递归返回段。当边界条件不满足时,递归前进;当边界条件满足时,递归返回。

构成递归需具备的条件如下。

(1)子问题须与原始问题为同样的事,且更为简单。

(2)不能无限制地调用本身,须有个出口,化简为非递归状况处理。

在数学和计算机科学中,递归指由一种(或多种)简单的基本情况定义的一类对象或方法,并规定其他所有情况都能被还原为其基本情况。

例如,阶乘的递归实现:

```
int factorial(int N){
if(N == 1)
return 1;
return N * factorial(N-1);
}
```

以上代码和如下数学表达式等价:$f(x) = x * f(x-1), f(1) = 1$。

在这里,边界条件就是,当 N == 1 时返回 1 并停止递归。

2.3.1　递归搜索枚举

二进制枚举本质上也是一种枚举子集的方法,此外我们也可以使用递归搜索的方法枚举子集

```cpp
vector < int > a;
void dfs(int x) {
    if(x == n + 1) {
    for(int v:a) cout << v << " ";
        cout << endl;
        return;
    }
    dfs(x + 1); //分支:不选 x
    a.push_back(x); dfs(x + 1); // 分支:选 x
    a.pop_back(); // 还原现场
}
```

2.3.2　排列枚举

我们通常用 STL 中的 next_permutation 函数来枚举排列。

```cpp
for(int i = 1; i <= n; ++i)   a[i] = i; //初始化
do {/* something */}
while(next_permutation(a + 1, a + n + 1));
```

上面这段代码求得了 $1 \sim n$ 的全排列。

值得注意的是,next_permutation 函数会在下一个排列不存在时返回 0,所以该算法会在最后一个排列处停止。

另一种枚举排列的方法是递归 - 回溯法:

```cpp
const int N = 20;
int a[N], vis[N];
void dfs(int k) {
    if(k == n + 1) {
        for(int i = 1; i <= n; i++)   printf("%d ", a[i]);
```

```
        puts("");
        return;
    }

    for(int i=1;i<=n;i++){
    if(!vis[i]){
      vis[i]=1;
      a[k]=i;
      dfs(k+1);
      vis[i]=0;
    }
    }
}
```

其中 vis 数组的作用是标记已经被选择的数防止重复。vis[i]=0 的作用是在该层搜索结束后还原现场,防止影响后面的选择,请读者仔细体会。

一般而言,本着不自己"造轮子"的原则,我们通常使用 next_permutaion 去解决问题。

2.3.3　例题精选

例 2.10　八皇后(nefu oj 1828)　检查一个 6×6 的跳棋棋盘,有 6 个棋子被放置在棋盘上,使得每行、每列有且只有一个,每条对角线(包括两条主对角线的所有平行线)上至多有一个棋子。

请编一个程序找出所有跳棋放置的解,并把它们以上面的序列方法输出。解按字典顺序排列,请输出前 3 个解,最后一行是解的总个数。(N<=13)

输出:

前 3 行为前 3 个解,每个解的两个数字之间用一个空格隔开。第 4 行只有一个数字,表示解的总数。

输入:

6

样例输出:

2 4 6 1 3 5

3 6 2 5 1 4

4 1 5 2 6 3

4

分析:

第一种思路是我们在 N×N 的棋盘上选 N 个格子放置棋子,再去逐一检查每种状态的合法性,显然我们需要考查的状态是组合数大小规模的,效率不够高。

第二种思路是因为最多每行只能放置一枚棋子,所以我们只需要枚举每一行放置的列编号,再检查对角线是否冲突即可,那么我们枚举的规模等价于枚举 N 的全排列,而 N! 高达 6 227 020 800,很难在规定的时间内跑完。

这时我们有必要引入剪枝的思想:如果我们前两行已经在同一对角线上了,那么后面无论如何放置都不可能成为合法方案,这时我们没有必要递归下去,这样便大大提高了程序执行的效率。

代码:

```
#include < bits/stdc + + . h >
using namespace std;
int a[1000],b[1000],c[1000],d[1000],n,s;
//a 存行
//b 存列
//c 存左下到右上的对角线(行 + 列的和相同)
//d 存右下到左上的对角线(行 - 列的差相同)
//清零数组
void print( ){
    int i;s + + ;
    if(s < =3){
        for(i =1;i < =n;i + + )cout < <a[i] < <" ";
        cout < <endl;
    }
}
int search( int i){
    int j;
    for(j =1;j < =n;j + + )
        if(b[j] = =0&&c[i+j] = =0&&d[i−j+n] = =0){//判断
            a[i] =j;//写进去(第 i 行第 j 个)
            b[j] =1;//占行
            c[i+j] =1; d[i−j+n] =1;//占对角线
```

```
        if(i = = n)print();//满足条件输出
        else search(i + 1);//继续推
        b[j] = 0;c[i + j] = 0;d[i - j + n] = 0;//回溯
      }
    return 0;
  }
  int main(){
    cin > > n;
    search(1);
    cout < < s < < endl;
    return 0;
  }
}
```

例 2.11 数独(nefu oj 361) 数独是一款能开发智力的游戏,其规则是这样的:在一个 9×9 的方格中,你需要把数字 1~9 填写到空格当中,并且使方格的每一行和每一列中都包含 1~9 这 9 个数字。同时还要保证,空格中用粗线划分成 9 个 3×3 的方格,也同时包含 1 ~9 这 9 个数字。

输入:

每组测试会给你一个仅由数字 0~9 组成的 9×9 的矩阵,数字 0 表示该格尚未被数字填入,并需要你向其中填入合适的数据。

输出:

每组输出该数独的解。对于每组测试数据保证它有且只有一个解。

输入样例:

000000000

817965430

652743190

175439820

308102950

294856370

581697240

903504610

746321580

输出样例：

439218765

817965432

652743198

175439826

368172954

294856371

581697243

923584617

746321589

分析：

本题与八皇后的处理思路很像。

(1)对于每行、每列、每个九宫格，我们使用一个 9 位二进制数(全局 int 变量)存下哪些数还可以填(后文用 1 表示可以填，代码中会提到原因)。

(2)对于每个位置，将该位置所在行、列、九宫格的二进制数做"&(位与)"运算，可以得到该位置可填哪些数(因为根据数独规则，在该行不能填，定然不能填，符合"&"运算的短路性质)。

(3)一个位置填上某个数后，把该位置所在的行、列、九宫格记录的对应二进制位改为 0，表示不可填入该数字，回溯时改回 1(同 bool 数组)。

(4)盲目搜索耗费时间，如果是人来填数独肯定选能填数字最少的位置，所以我们可以优先搜索这些位置。但切忌搜索时枚举所有的位置和可填的数字，这样会重复遍历同一状态的搜索树，降低搜索效率。

代码：

```cpp
#include < bits/stdc + + . h >
using namespace std ;
int row[9],col[9],grid[9];//000000000 ~ 111111111    可行性数组 1 表示可以填
//2⁹ = 32 × 16 = 512    2⁸ + 5 = 256 + 5 = 261
int cnt[512],num[261];//二进制数中含有 1 的个数(各个状态中可选择的数的个数)
lowbit 对应的 hash
int rec[9][9];
inline int g(int x,int y){//很灵性的公式
return((x/3) ∗ 3) + (y/3);
```

```
    }
    void flip(int x,int y,int z){//对该位置填 z 后的回溯和标记(xor)
    //未标记→标记→未标记(xor 的可逆性)
    row[x]^=1<<z;//1<<z=pow(2,z)
    col[y]^=1<<z;
    grid[g(x,y)]^=1<<z;
    }
    bool dfs(int now){//当前有 now 个数可填的状态
    if(! now)  return true;//填完了
    int temp=10,x,y;
    for(int i=0;i<9;++i){
        for(int j=0;j<9;++j){
            if(rec[i][j])  continue;
            int val=row[i]&col[j]&grid[g(i,j)];//该位置上可以填的数的个数
            if(! val)  return false;//1 个也不能填,回溯
            if(temp>cnt[val]){//temp 取当前位置可以填的最少的数的个数,并记录下这个
                                位置
                temp=cnt[val];
                x=i;y=j;
            }
        }
    }
    //(x,y)可以填的数的个数
    int val=row[x]&col[y]&grid[g(x,y)];
    for(;val;val-=val&(-val)){
        int z=num[val&(-val)];
    //    rec[x][y]=z;//错误
        rec[x][y]=z+1; //之所以加 1 与二进制标记数组的定义有关
        flip(x,y,z);
    //    flip(x,y,z-1);//错误
        if(dfs(now-1))  return true;
        rec[x][y]=0;
```

```
        flip(x,y,z);
//        flip(x,y,z-1);//错误
    }
    return false;//无解,返回上一层
}
int main(){
    for(int i=0;i<(1<<9);++i){
        //i 的二进制数中含有 1 的个数即各个状态中可选择的数的个数
        //预处理降低时间复杂度
        //e.g:cnt[100010001(二进制数)]=3
        for(int j=i;j;j-=j&(-j)){
            ++cnt[i];
        }
    }
    for(int i=0;i<9;++i){
        //lowbit(1<<i)的 hash,能找出 lowbit(1<<i)所对应的第一个 1 的位置
        num[1<<i]=i;
    }
    for(int i=0;i<9;++i){
        //初始化行、列、九宫格标记数组
        //每个数都可以填
        row[i]=col[i]=grid[i]=(1<<9)-1;
    }
    for(int i=0;i<9;++i){
        for(int j=0;j<9;++j){
            scanf("%d",&rec[i][j]);
        }
    }
    //初始化计数器
    int tot=0;
    for(int i=0;i<9;++i){
        for(int j=0;j<9;++j){
```

```
      if(rec[i][j])flip(i,j,rec[i][j]-1);//进行标记  -1 与 flip 函数的定义有关
      else   ++tot;//如果 rec[i][j]是 0,表示该位置还没有填数
    }
  }
  dfs(tot);
//   printf(" \n");
  for(int i=0;i<9; ++i){
    for(int j=0;j<9; ++j){
      printf(" % d ",rec[i][j]);
    }
    printf(" \n");
  }
  return 0;
}
```

2.4　作　　业

1. 二倍的问题(nefu oj 8. http://acm. nefu. edu. cn/problemShow. php? problem_id = 8)。

2. 统计每个字母的数量(nefu oj 547. http://acm. nefu. cn/problemShow. php? problem_id = 547)。

3. 比身高(nefu oj 1640. http://acm. nefu. edu. cn/problemShow. php? problem_id = 1640)。

4. 二十四点(CSP T88. http://118. 190. 20. 162/view. page? gpid = T88)。

5. 涂国旗(洛谷 P3392. https://www. luogu. com. cn/problem/P3392)。

6. 生日蛋糕(洛谷 P1731. https://www. luogu. com. cn/problem/P1731)。

7. 靶形数独(洛谷 P1074. https://www. luogu. com. cn/problem/P1074)。

第 3 章　数学问题

本章要点:本章介绍 CSP 中的数学问题。

3.1 主要介绍数学问题的基本原理。

3.2 主要介绍数学问题中的经典问题与应用。

3.1　数学问题概述

数学问题在计算机行业中占有举足轻重的地位,在 CSP 认证中数学问题也是经常考查的内容之一,笔者将介绍几种比较典型的数学问题,供读者准备 CSP 认证。

3.1.1　最大公约数和最小公倍数

欧几里得算法又叫辗转相除法,用来求得两个数的最大公约数,记作 $\gcd(a,b)$,其原理如下:

设有 $n,m(m>n)$,n 和 m 的最大公约数为 t。

$t\mid n,t\mid m$,即 $n=k_1t,m=k_2t$,则 $xn+ym=(xk_1+yk_2)t$,所以 $xn+ym$ 关于 n,m 的线性组合也能被 t 整除,那么我们就可以来推欧几里得算法了。

因为 $m>n$,所以有 $m=k_1n+r_1$,r_1 为余数 $r_1=m-k_1n$,这里 r_1 为一个 m 和 n 的线性组合,所以 r_1 也能被 t 整除,又因为 r_1 和 n 都包含了 t 这个公因子,所以有 $n=k_2r_1+r_2\Rightarrow r_2=k_2r_1-n$,$r_2$ 也能被 t 整除,所以我们 r_2 和 r_1 都包含 t 这个因子。

我们继续上述的方法直到 $r_1=k_3r_3+0$,这里的 r_3 就是我们要求的 t 了。由上述的方法我们可以得到 $\gcd(a,b)=\gcd(b,a\%b)$,$a\%b=r$,r 和 b 的最大公约数也是 t,我们在上面证明了。

当然我们求最小公倍数也是通过先求最大公约数得到的。a 和 b 的最小公倍数表示为 $\mathrm{lcm}(a,b)$。

这里有一个很重要的结论 $\mathrm{lcm}(a,b)=\dfrac{a\times b}{\gcd(a,b)}$。

为了防止 a 和 b 的乘积溢出,我们通常写成 $\mathrm{lcm}(a,b)=\dfrac{a}{\gcd(a,b)}\times b$。

取模运算的运算规则：

$$(a+b)\%p = (a\%p+b\%p)\%p$$

$$(a-b)\%p = (a\%p-b\%p)\%p$$

$$(a*b)\%p = (a\%p*b\%p)\%p$$

$$a^b\%p = ((a\%p)^b)\%p$$

3.1.2 快 速 幂

给定一个数 a，求其 b 次连乘后的结果。

当 b 很小时，一般的循环算法可以解决这个问题（$O(B)$），但是当 b 较大时呢？要知道 1e18 以上，就会 long long int 也可能会溢出，而在数论方面这些数又该如何表示？怎样存储？在此我们定义一个模数 mod 来代替输出，即 $a^b = k1 * mod + t$，也就是 $t = a^b\% mod$。

对于这样的线性问题，我们将采用分治的思想来解决这种问题。

当采用计算机语言时：

a^b = ((a^(b/n))^n) * a^(b%n)

当 n = 2 时：

a^b = (a^(b/2)) * (a^(b/2)) * a^(b%2)

(a^b)%mod = (a^(b/2))%mod * (a^(b/2))%mod * a^(b%2)%mod

而后对 a^(b/2) 进行相同的操作。

3.1.3 素 数

素数是指在大于 1 的自然数中，除了 1 和它本身以外不再有其他因数的自然数。

1. 素数筛

筛法的思想是去除要求范围内所有的合数，剩下的就是素数了，而任何合数都可以表示为素数的乘积，因此如果已知一个数为素数，则它的倍数都为合数。举例求 15 以内的素数，下一行为 1 表示没有被筛过的数，为 0 表示已经被筛掉的合数。

数组初始化如下：

2	3	4	5	6	7	8	9	10	11	12	13	14	15
1	1	1	1	1	1	1	1	1	1	1	1	1	1

先筛掉所有 2 的倍数，结果如下：

2	3	4	5	6	7	8	9	10	11	12	13	14	15
1	1	0	1	0	1	0	1	0	1	0	1	0	1

再筛掉所有 3 的倍数，结果如下：

2	3	4	5	6	7	8	9	10	11	12	13	14	15
1	1	0	1	0	1	0	0	0	1	0	1	0	0

再筛掉 5 的倍数,结果如下:

2	3	4	5	6	7	8	9	10	11	12	13	14	15
1	1	0	1	0	1	0	0	0	1	0	1	0	0

易知我们已经得到 15 以内所有的素数,这就是素数筛的思想。

素数筛可以优化,普通的线性筛法虽然大大缩短了求素数的时间,但是实际上还是做了许多重复运算,比如 $2 \times 3 = 6$,在素数为 2 的时候筛选了一遍,在素数为 3 时又筛选了一遍。如果只筛选小于等于素数 i 的素数与 i 的乘积,这样既不会造成重复筛选,又不会遗漏。时间复杂度几乎是线性的。

2. 唯一分解定理

概念:任意一个大于 0 的正整数都能被表示成若干个素数的乘积且表示方法是唯一的;整理可以将相同素数的合并,可以得到公式

$$n = P_1^{a_1} \cdot P_2^{a_2} \cdot \cdots \cdot P_n^{a_n} (P_1 < P_2 < \cdots < P_n)$$

3. 素因子求和

一个数 A 能够表示成多个素数的幂相乘的形式,即 $A = a_1^{n_1} \cdot a_2^{n_2} \cdot a_3^{n_3} \cdot \cdots \cdot a_m^{n_m}$,那么 A 的因子和就是 $(1 + a_1 + a_1^2 + \cdots + a_1^{n_1}) \cdot (1 + a_2 + a_2^2 + \cdots + a_2^{n_2}) \cdot (1 + a_3 + a_3^2 + \cdots + a_3^{n_3}) \cdot \cdots \cdot (1 + a_m + a_m^2 + \cdots + a_m^{n_m})$。

如果我们把括号拆开看,就很容易看出来拆开实际就是各个因子相加,比如 12 的因子和 $= (1 + 2 + 2^2)(1 + 3) = 1 + 2 + 4 + 3 + 6 + 12$。

3.2　例题精讲

例 3.1　小刚同学的因子(nefu oj 1669)　今天小明同学又被小刚同学捉弄了,小刚同学跟小明同学玩了这么一个游戏:两人心中分别想一个数字,这两个数字分别为 x 和 y (1 < = x, y < = 1e18),然后让小明同学说出一共有多少个整数既是 x 的因子,又是 y 的因子。由于小明和小刚很有默契,所以保证他们两个想的数 x 和 y 的最大公因数不会超过 1e9。这个问题又难住了小明同学了,你能帮帮小明同学告诉他答案吗?

输入:

单组输入。

数据占一行,包含两个整数 x 和 y(1 < = x, y < = 1e18),保证 gcd(x, y) < = 1e9。

输出:

输出既是 x 因子又是 y 因子的整数的个数,输出占一行。

分析:

要快速求某个数的因子个数,可以用唯一分解定理。

代码:

```
#include <bits/stdc++.h>
using namespace std;
long long int gcd(long long int a,long long int b);
int main()
{
    long long int x,y,i;
    scanf("%lld%lld",&x,&y);
    long long int regc,res=0;
    regc=gcd(x,y);//x,y 的共有的因子一定是 x,y 最大公因子的因数
    for(i=1;i*i<regc;i++)//减少时间复杂度,尽量不要写成 i<sqrt(regc)
        if(regc%i==0)
            res=res+2;
    if(i*i==regc)
        res++;
    printf("%lld\n",res);
    return 0;
}
long long int gcd(long long int a,long long int b)
{
    return b?gcd(b,a%b):a;
}
```

例 3.2　库特的数学题(nefu oj 1666)　库特很喜欢做各种高深莫测的数学题,一天,她在书上看到了这么一道题。a[1]=6,a[2]=18;a[n]=2*a[n-1]+3*a[n-2] (n>=3),对于给出的某个数字 n,求 a[n]。库特一想这道题太简单了,可是看到 n 的范围是(n<=1e18),对于这么大范围的数,库特不知道该怎么做了,聪明的你,快来帮帮库特解决这个问题吧。(由于答案可能很大,请将答案对 1e9+7(即 1000000007)取模。)

输入:

一个整数 n(1<=n<=1e18)。

输出：

a[n]对 1e9 +7 取模后的答案。

输入样例：

5

输出样例：

486

分析：

简单推理一下或者多写几项你就能发现,a[n] =2 * pow(3,n),求 a[n]对 1e9 +7 取模后的答案,所以这显然是一道快速幂取模的题目。用一下快速幂算法很容易就能得到答案了。

代码：

```
#include <bits/stdc ++.h>
using namespace std;
long long int quickmod(long long int a,long long int b,long long int c);
int main()
{
    long long int n;
    while(scanf("%lld",&n)! = -1)
    {
        if(n = =1)
            printf("6\n");
        else if(n = =2)
            printf("18\n");
        else
        {
            long long int res,c =1000000007;
            res = quickmod(3,n -2,c) *18% c;//由题目证明数列从第3项往后是等比数列
            printf("%lld\n",res);
        }
    }
    return 0;
}
long long int quickmod(long long int a,long long int b,long long int c)
```

```
    {
        long long int res = 1;
        while(b)
        {
            if(b%2 = =1)
                res = res * a%c;
            a = a * a%c;
            b/ =2;
        }
        return res;
    }
```

例 3.3 "异或"方程解的个数(nefu oj 1834) 老师这几天给大一同学讲课的时候,觉得自己太无能了,于是他做了一道无聊的数学题,但是他觉得这题太难了,所以他把问题交给了聪明的你,你能帮他解决这个问题吗?

问题如下:

给你一个方程:n − (n^x) − x = 0(其中^表示两个数"异或",并不是表示幂次符号),现在给你 n 的值,问有多少种 x 的取值使得方程成立(数据保证 n 在 2 的 30 次方范围内)。

输入:

多组输入数据(不超过 2 000 000 组)。

每组输入数据包含一个整数 n,含义如题。

输出:

对于每组输入数据,你需要输出一个整数,表示解的个数。

输入样例:

0

2

输出样例:

1

2

分析:

将问题转化为二进制,仅用一位来分析问题,n = 0 时 x 只能等于 0,n = 0 时 x 能等于 0 或 1。因此该数转化为二进制后有几位 1,方程就有 2 的几次方个解。

代码:

```
#include <bits/stdc++.h>
using namespace std;
int main()
{
    int n;
    while(scanf("%d",&n)!=EOF)
    {
        int num=n,i,res=0;
for(i=0; num!=0; i++)
        num=num/2;//数位右移,判断该数的二进制有几位,直到该数变为0
for(int j=0; j<i; j++)
        if(n&(1<<j))//二进制枚举左移,判断数位上的是否为1
            res++;
    res=pow(2,res);//此处可以使用快速幂降低时间复杂度,东北林业大学 oj 系统
                    用 pow 函数可通过
    printf("%d\n",res);
    }
    return 0;
}
```

例 3.4　LCM&GCD(nefu oj 1411)　甲同学最近沉迷于数论,他最近在研究最小公倍数和最大公约数,他的队友乙同学正好对数论也有些研究,于是乙同学给甲同学出了一个简单的数论题:在[x,y]区间中,求两个整数最大公约数是 x 且最小公倍数是 y 的个数。

乙同学善意地提醒,x 和 y 可能到 1e12 那么大,甲同学这下可犯了难,这到底该怎么做呢? 聪明的你能帮帮他吗?

输入:

第一行输入一个 T(T<=100),表示有 T 组数据,接下来每组输入两个数 x,y(1<=x<=y<=1e12)。

输出:

输出一行表示答案。

输入样例:

1

2　12

输出样例:

4

6

分析:

假设 $gcd(a,b) = x, lcm(a,b) = y$,则可得 $gcd * lcm = a * b$。

即 $x * y = a * b$,同除以 x^2,得 $y/x = (a/x) * (b/x)$。

令 $y1 = y/x, a1 = a/x, b1 = b/x$,则 $y1 = a1 * b1$,且 $a1 \in [1,y1]$。

这样化简之后,再遍历 $[1, sqrt(y1)]$(只需遍历到 $\sqrt{y1}$ 即可)找满足 $gcd(a1,b1) == 1$ 的情况,更新答案。

注意特判 $a1 * a1 = y$ 的情况,答案 +1;其他情况答案 +2。

代码:

```cpp
#include <bits/stdc++.h>
using namespace std;
typedef long long ll;
ll t,a,b,x,y,ans;
int main()
{
ios::sync_with_stdio(false);
    cin>>t;
    while(t--)
    {
        cin>>x>>y;
        ans=0;
        if(y%x!=0){printf("0\n");continue;}//最小公倍数不是最大公约数的倍数,直接输出0
        y=y/x;//将 y 缩小到 y1
        for(a=1;a*a<=y;a++)//在[1,y1]区间内暴力遍历所有 a1 的取值,a 每次 +1
        {
            if(y%a==0)//满足 y1=a1*b1,则 b1=y1/a1,首先必须满足 y1%a1==0
            {
                b=y/a;//直接得到 b1 的取值
                if(__gcd(a,b)==1)//gcd(a1,b1)==1 则满足条件
```

```
        {
            if( a * a = = y) ans + + ;//特判 a1 * a1 = y 的情况,答案 +1
            else ans + = 2;//其他情况答案 +2
        }
    }
}
printf( "% lld\n" ,ans) ;
    }
    return 0;
}
```

例 3.5　七夕节(HDU oj 1215)　七夕节那天,掌管姻缘的人来到数字王国,他在城门上贴了一张告示,并且和数字王国的人们说:"你们想知道你们的另一半是谁吗? 那就按照告示上的方法去找吧!"

人们纷纷来到告示前,都想知道谁才是自己的另一半。告示如下:

值此七夕佳节来临之际,为感谢广大群众对我的热爱,特将大家的另一半寻找方法公布如下,将你的编号(数字王国的每个人都有一个唯一的编号)的所有的因子加起来得到一个编号,这个编号的主人就是另一半。

数字 N 的因子就是所有比 N 小又能被 N 整除的所有正整数,如 12 的因子有 1,2,3,4,6。你想找到你的另一半吗?

输入:

输入数据的第一行是一个数字 T(1 < = T < = 500000),它表明测试数据的组数。然后是 T 组测试数据,每组测试数据只有一个数字 N(1 < = N < = 500000)。

输出:

对于每组测试数据,请输出一个代表输入数据 N 的另一半的编号。

输入样例:

3

2

10

20

输出样例:

1

8

22

分析:

题意是求一个数的因子和,再减去这个数本身。

代码:

```cpp
#include <bits/stdc++.h>
using namespace std;
typedef long long ll;
ll t,x;
ll sum(ll x)//求 x 的因子和
{
    ll s,ans=1;
    for(int i=2;i*i<=x;i++)//x 的素因子一定小于等于 x,即 i*i<=x
    {
        if(x%i==0)//i 为 x 的素因子,设为 p
        {
            s=1;//s 记录 x 的素因子的乘积
            while(x%i==0)
                x=x/i,s=s*i;
            //while 结束时 s=p^n
            ans*=(s*i-1)/(i-1);
            //等比数列公式 1+p^1+p^2+…+p^n=(p^(n+1)-1)/(p-1)=(s*p-1)/
                (p-1)
            //就是代码中的(s*i-1)/(i-1)
        }
    }
    if(x>1)ans*=(1+x);//x>1 说明 x 自身是素数,乘以(1+p)即(1+x)
    return ans;
}
int main()
{
ios::sync_with_stdio(false);
    cin>>t;
```

```
    while( t – – )
    {
        cin > > x;
        printf( "% lld\n" , sum( x) – x) ;
    }
    return 0;
}
```

例 3.6　函数版素数判定(nefu oj 825)　判断一个数是否是素数。

输入:

输入数据有多组(不超过 1e5 组),每组 1 个正整数 n(1 < = n < =1e7)。

输出:

如果是素数,输出 YES;否则输出 NO。

输入样例:

11

15

19

输出样例:

YES

NO

YES

分析:

素数筛模板题。

代码:

```
#include < bits/stdc + + . h >
using namespace std;
const int N =1e7;
int n, cnt, prime[ N + 10] ;
bool vis[ N + 10] ;
void get_prime( )
{
    memset( vis, 1, sizeof( vis) ) ;//标记素数为 1,先假设 1 ~ N 全是素数,全部初始化为 1,
                                    再筛去合数
```

```
vis[1] = 0; //1 不是素数
for(int i = 2; i <= N; i++)
{
    if(vis[i])prime[++cnt] = i; //将 i 加入到 prime 数组
    for(int j = 1; j <= cnt&&i * prime[j] <= N; j++)
    {
        vis[i * prime[j]] = 0; //将 i * pirme[j]标记为合数
        if(i % prime[j] == 0)break; //i 是 prime[j]倍数,退出循环
    }
}
}

int main()
{
    ios::sync_with_stdio(false);
    get_prime();
    while(cin >> n)
    {
        if(vis[n])printf("YES\n");
        else printf("NO\n");
    }
    return 0;
}
```

例 3.7 最大素因子(nefu oj 585) 我们都知道每个数都有素数因子,每个数最大的素数因子(largest prime factor)也是一定的,李华对此很感兴趣。最近李华正在研究一个数的最大素数因子是第几个素数。比如说 2 的最大素数因子是 2,是第一个素数,记为 LPF(2) = 1,另外令 LPF(1) = 0。

现在给你个 n,你能帮李华求出来 LPF(n)的值吗?

输入:

测试数据有多组,每组只有一个整数 n(1 <= n <= 1000000)

输出:

对于每个测试实例,输出 LPF(n)的值。

输入样例:

1

2

3

4

5

输出样例:

0

1

2

1

3

分析:

只需要在筛素数的时候额外处理一个素数个数的前缀即可。

代码:

```cpp
#include <bits/stdc++.h>
using namespace std;
const int N = 1e6;
int prime[N+10];
int sum[N+10];//在i这个数之前素数的个数为sum[i]
bool flag[N+10];
int i,j,t,n;
void getprime()
{
    memset(flag,1,sizeof(flag));//全都初始化为1
    t=0;
    flag[0]=flag[1]=0;//这句话一定要有,否则在求素数前缀个数sum[i]会出错!
    for(i=2;i<=N;i++)
    {
        if(flag[i])prime[t++]=i;
        for(j=0;j<t&&prime[j]*i<=N;j++)
        {
            flag[prime[j]*i]=0;
```

```
        if( i% prime[ j] = =0) break;
      }
    }
    for( i =0;i < = N;i + + )
    {
      if( flag[ i] ) sum[ i] = sum[ i -1] +1;
      else sum[ i] = sum[ i -1] ;
    }
  }
int main( )
  {
    getprime( ) ;
    while( cin > > n)
    {
      if( n = = 1) printf( "0\n" ) ;
      else
      {
        for( i = n;i > = 1;i - - )
        {
          if( n% i = = 0&&flag[ i] )
          { printf( "% d\n" ,sum[ i] ) ;break;}
        }
      }
    }
    return 0;
  }
```

例 3.8 差点是素数(nefu oj 1321)   统计两个区间[l1,r1],[l2,r2]的整数中有多少个数满足:它本身不是素数,但只有一个素因子。当 x 两个区间都符合时,答案只算一次。

输入:

一共 t 组数据 t < =25005

每组数据 l1 ,r1 ,l2 ,r2(1 < = l1 < = r1 < =1e12,1 < = l2 < = r2 < =1e12)

输出:

输出满足两个区间整数个数

输入样例：

1

1　5　2　10

输出样例：

3

分析：

使用素数筛打表之后用二分确定一下区间即可。

代码：

```cpp
#include <bits/stdc++.h>
using namespace std;
typedef long long ll;
const ll N = 1e6;
bool vis[N+10];
ll t,l1,r1,l2,r2,l,r,tot,cnt,sum,prime[N+10],ans[N+10];
void get_prime()//素数筛打表
{
    vis[1] = 1;
    for(ll i = 2;i <= N;i++)
    {
        if(! vis[i])prime[++cnt] = i;//0 表示是素数
        for(ll j = 1;j < cnt&&i*prime[j] <= N;j++)
        {
            vis[i*prime[j]] = 1;//标记 j*prime[i]为合数
            if(i%prime[j] == 0)break;
        }
    }
}
void get_ans()//打表满足条件的数,存入 ans 数组,并排序
{
    for(ll i = 1;i <= cnt;i++)
        for(ll j = prime[i]*prime[i];j <= 1e12;j*=prime[i])
```

```
      ans[ + + tot] = j;
   sort( ans + 1 , ans + tot + 1 ) ;//tot = 80070 ans[ tot] = 999966000289
}
ll get_num( ll l , ll r)//求在[ l , r]区间内满足条件的个数
{
   ll a = lower_bound( ans + 1 , ans + tot + 1 , l) - ans;
   ll b = upper_bound( ans + 1 , ans + tot + 1 , r) - ans;
   //注意下限 a 是 lower_bound , 上限 b 是 upper_bound , 可以画区间的图看一下
   return b - a;
}
int main( )
{
   ios::sync_with_stdio(false) ;
   get_prime( ) ;
   get_ans( ) ;
   cin > > t;
   while( t - - )
   {
      cin > > l1 > > r1 > > l2 > > r2;
      if( l2 > r1 | | l1 > r2) sum = get_num( l1 , r1 ) + get_num( l2 , r2 ) ;//区间不重叠
      else//区间重叠
      {
         l = min( l1 , l2) ;
         r = max( r1 , r2) ;
         sum = get_num( l , r) ;
      }
      printf( " % lld\n" , sum) ;
   }
   return 0 ;
}
```

3.3　作　　业

1. 多个数的最大公约数(https://acm.webvpn.nefu.edu.cn/problemShow.php? problem_id=764)。

2. 多个数的最小公倍数(https://acm.webvpn.nefu.edu.cn/problemShow.php? problem_id=765)。

3. 人见人爱 gcd(https://acm.webvpn.nefu.edu.cn/problemShow.php? problem_id=1221)。

4. 半素数(https://acm.webvpn.nefu.edu.cn/problemShow.php? problem_id=587)。

5. 库特的数学题(https://acm.webvpn.nefu.edu.cn/problemShow.php? problem_id=1666)。

6. 快速幂取模(https://acm.webvpn.nefu.edu.cn/problemShow.php? problem_id=601)。

7. 五十弦翻塞外声(https://acm.webvpn.nefu.edu.cn/problemShow.php? problem_id=1262)。

8. 素数与数论(https://acm.webvpn.nefu.edu.cn/problemShow.php? problem_id=781)。

第 4 章　C++标准模板库

本章要点:本章介绍 C++中的标准模板库(Stand Template Library, STL)。

4.1　主要介绍 vector、set、map、queue、stack 等容器。

4.2　主要介绍标准模板库的综合应用。

4.1　STL 概念

4.1.1　概　　述

STL 是由容器、算法、迭代器、函数对象、适配器、内存分配器这 6 部分构成的,其中后面 4 部分是为前 2 部分服务的,见表 4-1。

表 4-1　STL 组成及含义

STL 的组成	含义
容器	一些封装数据结构的模板类,例如 vector 向量容器、list 列表容器等
算法	STL 提供了非常多(大约 100 个)的数据结构算法,它们都被设计成一个个的模板函数,并在 std 命名空间中定义
迭代器	如果一个类将()运算符重载为成员函数,这个类就称为函数对象类,这个类的对象就是函数对象(又称仿函数)
适配器	可以使一个类的接口(模板的参数)适配成用户指定的形式,从而让原本不能在一起工作的两个类工作在一起。值得一提的是,容器、迭代器和函数都有适配器
内存分配器	为容器类模板提供自定义的内存申请和释放功能,由于往往只有高级用户才有改变内存分配策略的需求,因此内存分配器对于一般用户来说,并不常用
容器	一些封装数据结构的模板类,例如 vector 向量容器、list 列表容器等

特别需要强调的是:在 C++中,任何容器都是一种对象(object),也就意味着,他们本质上具有一个对象所具有的所有性质以及生命周期的概念。建议读者在阅读本章前先行学习有关 C++中类的概念,掌握构造函数、析构函数、运算符重载等必要特性,以降低阅读本

章的理解难度。

需要注意的是,C++引入了命名空间(namespace)机制,以解决全局变量名与函数名或函数名与函数名之间名称相同的冲突。这也就意味着,在实际调取 STL 中的相关内容时必须要声明其所在的命名空间,如 std::vector<int>a。在算法竞赛中,通常在程序开头声明命名空间为 std 即书写类似这样的语句 using namespace std,以避免重复书写的烦琐。但请读者一定要时刻谨记命名空间的概念以避免出现同名函数混淆的问题。

进一步要说明的是,STL 是庞大而复杂的。其中会涉及诸多模板类之间互相调用的关系问题,成员函数也包括多种的重载调用,囿于篇幅只能简单涉及,建议读者在编码时常备 C++参考文档以备查,并使用现代的集成开发环境(IDE)以获取详细的代码提示。

在线参考文档:https://zh.cppreference.com/。

4.1.2　vector

vector 是表示大小可以变化的数组的序列容器。要使用 vector 容器,需要包含头文件 <vector>。

就像数组一样,vector 对其元素使用连续的存储位置,这意味着也可以使用指向其元素的常规指针上的偏移量来访问其元素,并且与数组中的元素一样有效。但与数组不同的是,它们的大小可以动态变化,它们的存储由容器自动处理。

在内部,vector 使用动态分配的数组来存储其元素。当插入新元素时,可能需要重新分配此数组以增加大小,这意味着分配新数组并将所有元素移动到该数组。就处理时间而言,这是一项相对耗时的任务,因此,vector 不会在每次将元素添加到容器时重新分配。

相反,vector 容器可能会分配一些额外的存储来适应可能的增长,因此容器的实际容量可能大于包含其元素(即其大小)严格需要的存储。库可以实现不同的增长策略,以在内存使用和重新分配之间取得平衡,但无论如何,重新分配只应在大小对数增长的间隔内进行,以便可以为在向量末尾插入单个元素提供摊销的常数时间复杂度。

因此,与数组相比,vector 消耗更多的内存,以换取管理存储和以有效方式动态增长的能力。

1. vector 的声明

std::vector<T>v。T 是一个类型名,v 是所声明的对象名。需要注意的是,此处的 T 可以为任何一个类型名,包括但不限于 C++内置的 int、double、float 的固有类型,或者是程序所定义出的任何一种新的类型。

vector 有以下几种常见的构造函数。

(1)vector()。

默认构造函数。构造拥有默认构造的分配器的空容器。

（2）vector（size_type count，const T& value，const Allocator& alloc = Allocator（ ））。

构造拥有 count 个有值 value 的元素的容器。

（3）vector（const vector& other）。

复制构造函数，构造拥有 other 内容的容器。vector 通过重载 operator = 重复实现了复制语义。需要注意的是，复制容器需要线性的时间复杂度。

（4）vector（vector&& other）。

移动构造函数。用移动语义构造拥有 other 内容的容器。分配器通过属于 other 的分配器移动构造获得。移动后，保证 other 为空。

此处需要特别提醒的是移动构造函数，当程序需要多次重复拷贝复制容器内容时，应当优先使用移动构造函数，以避免重复进行冗余的容器复制，而这通常需要线性的时间复杂度。

2. vector 的成员函数

vector 有以下常用的成员函数：

（1）at（ ）。

访问指定位置的元素，同时进行越界检查，如有越界，将会抛出 std：：out_of_range 类型的异常。

（2）operator[ ]。

访问指定位置的元素，用法近同于数组，但不进行越界检查。

（3）front（ ）。

访问第一个元素。

（4）back（ ）。

访问最后一个元素。

（5）begin（ ）。

返回指向 vector 起始的迭代器。

（6）end（ ）。

返回指向 vector 末尾的迭代器。

（7）empty（ ）。

检查容器是否为空，若容器为空则为 true，否则为 false。

（8）size（ ）。

返回容器内的元素数。

（9）reserve（ ）。

预留存储空间，复杂度与需预留的空间大小呈线性关系。

（10）clear（ ）。

清除内容,复杂度与容器大小呈线性关系。

(11)insert()。

在指定位置插入元素,复杂度与需插入位置与容器结尾的距离呈线性关系。

(12)erase()。

擦除指定位置或范围的元素,复杂度与擦除元素数呈线性关系。

(13)push_back()。

将元素追加到容器末尾,该过程可能涉及容器扩容,但复杂度一般情况下是均摊 O(1)的。

(14)pop_back()。

移除容器末尾的元素。

例 4.1 依次读入若干整数 x($0 <= x <= 1e9$),如果是奇数个就输出最中间的那个数;否则,输出中间两个数的和。以 0 作为结束标志,但 0 不计数。单组输入。

输入:

 1 2 3 4 5 6 7 8 9 0

输出:

5

分析:简单运用 vector 即可。

代码:

```
#include <bits/stdc++.h>
using namespace std;
int main(){
    ios_base::sync_with_stdio(false);
    cin.tie(NULL);
    cout.tie(NULL);
    vector<int> ve;
    int x;
    while(cin>>x, x!=0){
        ve.push_back(x); // push_back 追加元素
    }
    if(ve.size()%2==1){
        cout<<ve.at(ve.size()/2); //通过 at 访问
    }else{
        cout << ve[ve.size()/2 - 1]+ve[ve.size()/2]; //通过[]访存
```

```
    }
    return 0;
}
```

例 4.2 小明有 n 块积木,编号分别为 1 到 n。一开始,小明把第 i 块积木放在位置 i。小明进行 m 次操作,每次操作,把位置 b 上的所有积木整体移动到位置 a 上面。比如 1 位置的积木是 1,2 位置的积木是 2,那么把位置 2 的积木移动到位置 1 后,位置 1 上的积木从下到上依次为 1,2。

输入格式:

多组输入(不超过 10 组)。

第一行输入两个整数 n,m(1≤n,m≤100000)。

接下来 m 行,每行输入 2 个整数 a,b(1≤a,b≤n),如果 a,b 相等或者 b 位置没有积木,则本次不需要移动。

输出格式:

对于每组数据,输出 n 行,第 i 行输出位置 i 从下到上的积木编号(末尾没有空格),如果该行没有积木,则输出 −1。

分析:vector 的简单运用,纯模拟即可。

代码:

```cpp
#include <bits/stdc++.h>
using namespace std;
const int N = 1e5;
vector<int> a[N+5];
int m, n, x1, x2;
int main(){
    while(~scanf("%d%d", &n, &m)){
        for(int i=1; i<=n; i++){
            a[i].clear();
            a[i].push_back(i);
        }
        while(m--){
            scanf("%d%d", &x1, &x2);
            if(x1!=x2 && a[x2].size()!=0){
                for(int j=0; j<a[x2].size(); j++){
```

```
        a[x1].push_back(a[x2][j]);
      }
      a[x2].clear();
    }
  }
  for(int i=1; i<=n; i++){
    if(a[i].size()==0)
      printf("%d", -1);
    else {
      for(int j=0; j<a[i].size(); j++){
        if(j==a[i].size()-1)
          printf("%d", a[i][j]);
        else
          printf("%d ", a[i][j]);
      }
    }
    printf("\n");
  }
  return 0;
}
```

例 4.3 （nefu-oj 2127） 圆桌上围坐着 2n 个人。其中 n 个人是好人,另外 n 个人是坏人。如果从第一个人开始数数,数到第 m 个人,则立即移除该人;然后从被移除的人之后开始数数,再将数到的第 m 个人移除,……,依此方法不断移除围坐在圆桌上的人。试问预先应如何安排这些好人与坏人的座位,能使得在移除 n 个人之后,圆桌上围坐的剩余的 n 个人全是好人。

输入格式:

多组数据(不超过 60 组),每组数据输入两个整数 n 和 m(含义如题)。

数据范围:

$1<=n,m<=10000$。

输出格式:

对于每组数据,输出一行,包括 2n 个大写字母,G 表示好人,B 表示坏人。

纯模拟即可。

代码:

```cpp
#include <bits/stdc++.h>
using namespace std;


int main() {
    ios::sync_with_stdio(false);
    vector<int> table; //表示圆桌
    int n, m, pos, j;
    while(cin >> n >> m) {
        table.clear();
        pos = 0;
        j = 0;
        for(int i = 0; i < 2 * n; i++) {
            table.push_back(i); //为每个位置编码
        }
        for(int i = 0; i < n; i++) {
            pos = (pos + m - 1) %
                table.size(); // pos + m - 1 的原因:每次移除坏人后都移动了
            table.erase(
                table.begin() +
                pos); //一次位置,pos + m - 1 就是下一次要移除的坏人的位置,取余是为了
                    模拟圆桌循环的特性
        }
        for(int i = 0; i < 2 * n; i++) {
            //列去对比,然后输出
            if(i == table[j] && j < table.size()) {
                j++;
                printf("G");
            } else
                printf("B");
        }
```

```
        printf(" \n");
    }
    return 0;
}
```

4.1.3 set

集合是按照特定顺序存储唯一元素的容器。

在集合中,元素的值也标识它(值本身就是 T 类型的 key),并且每个值必须是唯一的。集合中元素的值不能在容器中被修改(元素始终为 const),但可以在容器中插入或删除它们。

在内部,集合中的元素始终按照其内部比较对象(内置比较器)指示的特定严格弱排序条件进行排序。

set 容器通常比 unordered_set 容器通过键访问各个元素要慢,但它们允许根据其顺序对子集进行直接迭代。

set 通常由二叉搜索树实现(implemented as),一种经典的实现为红黑树。

1. set 的声明

std::set < T > v。T 是一个类型名,v 是所声明的对象名。需要注意的是,此处的 T 可以为任何一个类型名,包括但不限于 C++内置的 int、double、float 的固有类型,或者是程序所定义出的任何一种新的类型。类型必须实现指定了比较器(通常通过重载 operator <),且保证严格的弱序关系,否则将会抛出运行时异常。

2. set 的成员函数

(1)begin()。

返回指向 set 起始的迭代器。

(2)end()。

返回指向 set 末尾的迭代器。

(3)empty()。

检查容器是否为空,若容器为空则为 true,否则为 false。

(4)clear()。

清除内容,复杂度与容器大小呈线性关系。

(5)insert()。

在指定位置插入元素,复杂度通常与容器大小成对数关系。

(6)erase()。

擦除指定位置或为特定 key 的元素,复杂度为均摊常数或与容器大小成对数。

（7）count（）。

返回匹配特定键的元素数量。

（8）find（）。

寻找键等于 key 的元素，并返回指向键等于 key 的元素的迭代器。若找不到这种元素，则返回尾后迭代器。复杂度与容器大小成对数。

（9）lower_bound（）。

返回指向首个不小于 key 的元素的迭代器。复杂度与容器大小成对数。

（10）upper_bound（）。

返回指向首个大于 key 的元素的迭代器。若找不到这种元素，则返回尾后迭代器。复杂度与容器大小成对数。

例 4.4 （nefu－oj 743） 明明想在学校中请一些同学一起做一项问卷调查，为了实验的客观性，他先用计算机生成了 N 个 1 到 1000 之间的随机整数（N＜＝100），对于其中重复的数字，只保留一个，把其余相同的数去掉，不同的数对应着不同的学生的学号。然后再把这些数从小到大排序，按照排好的顺序去找同学做调查。请你协助明明完成"去重"与"排序"的工作。

输入格式：

输入数据有多组

每组有 2 行，第 1 行为 1 个正整数，表示所生成的随机数的个数：N

第 2 行有 N 个用空格隔开的正整数，为所产生的随机数。

输出格式：

每组输出也是 2 行，第 1 行为 1 个正整数 M，表示不相同的随机数的个数。第 2 行为 M 个用空格隔开的正整数，为从小到大排好序的不相同的随机数。

去重排序，刚好可以借助 set 的底层性质。

代码：

```
#include ＜bits/stdc＋＋.h＞
using namespace std;
int main（）{
    set＜int＞ a;
    int n, i, x;
    while（cin＞＞n）{
        a.clear（）;//注意每次循环都要清空 set 容器
        for（i＝1; i＜＝n; i＋＋）{
```

```
        cin >> x;
        a.insert(x);
    }
    cout << a.size() << "\n";    for(auto it : a){ // 自动推导类型遍历容器,很
                                                     好的用法,一定要学会
        cout << it << " ";
    }
    cout << "\n";
  }
  return 0;
}
```

例 4.5　(nefu - oj 1684)　现有 n 个正整数,n≤10000,要求出这 n 个正整数中的第 k 个最小整数(相同大小的整数只计算一次),k≤1000,正整数均小于30000。

输入格式:

第一行为 n 和 k;第二行开始为 n 个正整数的值,整数间用空格隔开。

输出格式:

第 k 个最小整数的值,若无解,则输出"NO RESULT"。

遍历 set 集合即可

代码:

```
#include <bits/stdc++.h>
using namespace std;
int main(){
  ios::sync_with_stdio(false);
  set<int> a;
  int n, k;
  while(cin >> n >> k){
    a.clear();
    int x;
    while(n--){
      cin >> x;
      a.insert(x); //插入 set
    }
```

```
    int current_pos =1; //记录此时遍历到了第几大
    if(a. size( ) < k){ // set 大小不足 k,必然无解
      cout < < "NO RESULT\n";
      continue;
    }
    for( auto it = a. begin( ); it! = a. end( ); it + + ){
      //从小到大遍历 set
      if( ( current_pos + + ) = = k){
        cout < < * it < < "\n";
        break;
      }
    }
  }
  return 0;
}
```

例 4.6 (nefu – oj 2119) 给出两个数集,它们的相似程度定义为 Nc/Nt ∗ 100% 。其中,Nc 表示两个数集中相等的、两两互不相同的元素个数,而 Nt 表示两个数集中总共的互不相同的元素个数。请计算任意两个给出数集的相似程度。

输入格式:输入第一行给出一个正整数 N(N < =50),是集合的个数。随后 N 行,每行对应一个集合。每个集合首先给出一个正整数 M(M < =5000),是集合中元素的个数;然后跟 M 个[0, 3000]区间内的整数。

之后一行给出一个正整数 K(K < =800),随后 K 行,每行对应一对需要计算相似度的集合的编号(集合从 1 到 N 编号)。数字间以空格分隔。

输出格式:输出共 K 行,每行一个保留 2 位小数的实数,表示给定两个集合的相似度值。

就是一个简单的交集大小√并集大小。

代码:

```
#include < bits/stdc + +. h >
using namespace std;
int main( ){
  set < int > s[55];
  int t;
  scanf("% d", &t);
```

```
for( int i = 1; i < = t; i + + ) {
    int num;
    scanf( "% d", &num);
    for( int j = 0; j < num; j + + ) {
        int tmp;
        scanf( "% d", &tmp);
        s[ i ]. insert( tmp) ;
    }
}

//至此完成读入
int k;
scanf( "% d", &k);
while( k - - ) {
    int a, b;
    scanf( "% d % d", &a, &b);
    set < int > ans;
    set_union( s[ a ]. begin( ), s[ a ]. end( ), s[ b ]. begin( ), s[ b ]. end( ),
            inserter( ans, ans. begin( ) ) ); //集合求并
    int nc = ans. size( );
    ans. clear( );
    set_intersection( s[ a ]. begin( ), s[ a ]. end( ), s[ b ]. begin( ), s[ b ]. end( ),
                inserter( ans, ans. begin( ) ) ); //集合求交
    int nt = ans. size( );
    printf( "% .2lf% % \n",( 1.0 * nt / nc) * 100.0);
}
return 0;
}
```

4.1.4　map

映射是关联容器,用于存储由键值和映射值的组合(遵循特定顺序)形成的元素。

在映射中,键值通常用于对元素进行排序和唯一标识,而映射值则存储与此键关联的内容。键和映射值的类型可能不同,并在成员类型 value_type 中分组在一起,成员类型是组合

在一起的对类型:typedef pair < const Key，T > value_type。

在内部,映射中的元素始终按其键排序,遵循由其内部比较对象(内置比较器)指示的特定严格弱排序条件。

映射容器通常比 unordered_map 容器通过其键访问各个元素要慢,但它们允许根据其顺序对子集进行直接迭代。

映射中的映射值可以使用括号运算符((运算符[ ])通过其对应的键直接访问。

map 通常由二叉搜索树实现(implemented as),一种经典的实现为红黑树。

1. map 的声明

std::map < K,V > v。K 是键值类型名,V 是值类型名,v 是所声明的对象名。需要注意的是,此处的 K,V 可以为任何一个类型名,包括但不限于 C + +内置的 int、double、float 的固有类型,或者是程序所定义出的任何一种新的类型。键值类型必须实现指定了比较器(通常通过重载 operator <),且保证严格的弱序关系,否则将会抛出运行时异常。

2. map 的成员函数

(1)at( )。

访问指定键值的元素,同时进行检查,如不存在指定的 key,将会抛出 std::out_of_range 类型的异常。

(2)operator[ ]。

访问指定键值的元素,如不存在指定的 key,将会进行插入。

(3)begin( )。

返回指向 map 起始的迭代器。

(4)end( )。

返回指向 map 末尾的迭代器。

(5)empty( )。

检查容器是否为空,若容器为空则为 true,否则为 false。

(6)clear( )。

清除内容,复杂度与容器大小成线性关系。

(7)insert( )。

在指定位置插入元素,复杂度通常与容器大小呈对数关系。

(8)erase( )。

擦除指定位置或为特定 key 的元素,复杂度为均摊常数或与容器大小成对数。

(9)count( )。

返回匹配特定键的元素数量。

（10）find（）。

寻找键等于 key 的元素，并返回指向键等于 key 的元素的迭代器。若找不到这种元素，则返回尾后迭代器。复杂度与容器大小成对数关系。

（11）lower_bound（）。

返回指向首个不小于 key 的元素的迭代器。复杂度与容器大小成对数关系。

（12）upper_bound（）。

返回指向首个大于 key 的元素的迭代器。若找不到这种元素，则返回尾后迭代器。复杂度与容器大小成对数。

例 4.7 （nefu–oj 1604） 小明来到了一个神奇的地方，这个地方有很多颜色不同的彩色石，每个颜色都可以用一个数字来代替，小明收集了一堆石子，他想知道这堆石子中颜色相同的石子个数的最大值。

输入格式：

第 1 行输入一个数字 n，代表这堆石子的个数。

第二行输入 n 个数，代表 n 个石子的颜色。

保证输入的所有数都不超过 100。

输出格式：

输出一个数字，代表颜色相同的石子个数的最大值。

map 的入门题，利用 map 记录每个石子有多少个即可。

代码：

```cpp
#include <bits/stdc++.h>
using namespace std;
int main(){
    map<int, int> vis;
    int n, ans=0;
    cin >> n;
    for(int i=1; i<=n; i++){
        int x;
        cin >> x;
        vis[x]++;
    }
    for(auto it : vis){
        ans = max(ans, it.second);
```

```
    }
    cout << ans;
    return 0;
}
```

例 4.8 （nefu – oj 1676） 在一个网络系统中有 N 个用户 M 次上网记录。每个用户可以自己注册一个用户名,每个用户名是一个只含小写字母且长度小于 1000 的字符串。每个上网的账号每次上网都会浏览网页,网页名是以一个只含小写字母且长度小于 1000 的字符串,每次上网日志里都会有记录,现在请统计每个用户每次浏览了多少个网页。

输入格式:

单组输入。

第 1 行包含两个用 1 个空格隔开的正整数 N（1≤N≤1000）和 M（1≤M≤5000）。

第 2～M+1 行,每行包含 2 个用 1 个空格隔开的字符串,分别表示用户名和浏览的网页名。

输出格式:

共 N 行,每行的第一个字符串是用户名,接下来的若干字符串是这个用户依次浏览的网页名(之间用一个空格隔开)。按照用户名出现的次序排序输出。

解析详见注释。

代码:

```cpp
#include <bits/stdc++.h>
using namespace std;
int n, m, num, tmp;
string id, web;
map<string, int> vis;//记录用户名对应的编号
map<int, string> a;//记录编号对应的用户名
vector<string> ans[1010]; // ans[i][j]表示第 i 个编号的用户第 j 个访问的网站
int main(){
    ios::sync_with_stdio(false);
    cin >> n >> m;
    for(int i=1; i<=m; i++){
        cin >> id >> web;
        if(vis[id]==0)//此时输入的 id 没有出现过
        {
            vis[id]=++num; // num 为用户名对应的编号(从 1 开始编号)
```

```
        ans[num].push_back(web);//保存到第 num 个编号的用户的网站记录
        a[num] = id;//保存 num 编号对应的用户名
    } else //此时输入的 id 出现过
    {
        tmp = vis[id];//找到这个 id 对应的编号
        ans[tmp].push_back(web);//保存到第 tmp 个编号的用户的网站记录
    }
}
for(int i = 1; i < = num; i + +){
    printf("%s ", a[i].c_str());//输出第 i 个编号对应的用户名
    for(int j = 0; j < ans[i].size(); j + +)//输出第 i 个编号的用户访问的所有网站
        j = = ans[i].size() – 1? printf("%s\n", ans[i][j].c_str())
                            :printf("%s ", ans[i][j].c_str());
}
return 0;
}
```

例 4.9 （nefu - oj 2117）　要英语考试,小雅同学准备考小熊同学英语单词。会就输出 YES,不会就输出 NO。

输入格式:

输入一个 $n(1 < = n < = 1000)$,代表要考的单词的个数。

然后每行是一个数字和这个单词;数字为 0 或 1。

0 表示记忆单词。

1 表示询问单词会还是不会。

输出格式:

对于每个单词的询问,输出 YES 或 NO。

只需要用个 map 存起来并 count 即可。

代码:

```
#include <bits/stdc + +.h>
using namespace std;
int main(){
    ios::sync_with_stdio(false);
    int option, n;
```

```cpp
    string s;
    set < string >  a;
    cin  >  > n;
    while( n – – ) {
       cin  >  >  option;
       switch( option) {
          case 0:
             cin  >  > s;
             a. insert( s) ;
             break;
          case 1:
             cin  >  > s;
             if( a. count( s) )
                printf( "YES\n") ;
             else
                printf( "NO\n") ;
             break;
       }
    }
    return 0;
}
```

4.1.5　queue

std::queue 类是容器适配器,它给予程序员队列的功能——尤其是 FIFO(先进先出)数据结构。

类模板表现为底层容器的包装器——只提供特定的函数集合。queue 在底层容器尾端推入元素,从首端弹出元素。

1. queue 的声明

std::queue <T > v。T 是一个类型名,v 是所声明的对象名。需要注意的是,此处的 T 可以为任何一个类型名,包括但不限于 C + + 内置的 int、double、float 的固有类型,或者是程序所定义出的任何一种新的类型。

2. queue 的成员函数

（1）front（）。

访问第一个元素。

（2）back（）。

访问最后一个元素。

（3）empty（）。

检查容器是否为空,若容器为空则为 true,否则为 false。

（4）size（）。

返回容器内的元素数。

（5）push（）。

向队列尾部插入元素。

（6）pop（）。

删除队列首个元素。

例 4.10 （nefu – oj 1636）　小明是一个海港的工作人员,每天都有许多船只到达海港,船上通常有很多来自不同国家的乘客。

小明对这些到达海港的船只非常感兴趣,他按照时间记录下了到达海港的每一艘船只情况;对于第 i 艘到达的船,他记录了这艘船到达的时间 ti（单位:秒）,船上的乘客数 k,以及每名乘客的国籍 x1,x2,x3,x4 等。

小明统计了这 N 艘船的信息,希望你帮助计算出每 1 艘船到达为止的 24 小时（86 400 秒）内到达船上的乘客来自多少个国家。

输入格式:

第 1 行为一个 n,表示有 n 条船。

接下来有 n 行,每行前 2 个数为 t 和 k,表示这艘船的到达时间和船上的旅客数量。

然后是这 k 个旅客的国籍（x1,x2,x3,…都是整数）。

输出格式:输出 n 行,每行代表这艘船到达为止的 24 小时（86 400 秒）内到达船上的乘客来自多少个国家。

$t[i] - t[p] < 86400$,$t[i]$ 表示当前船的时间,$t[p]$ 表示之前进海港的船。

$1 < = n,k < = 300000$;$1 < = ti < = 1000000000$;

考虑用队列就可以,每个乘客都分别以结构体的形式进入队列（是每一个乘客）,结构体{时间,国籍},然后使用桶排序的思想记录就可以了,也可以用 map 来代替桶排序。当一艘船进入海港时,先压入队列（每个人）,然后在从队列头开始检查是否满足条件（出栈时计算总的国籍数是否变化）。

代码:

```cpp
#include <bits/stdc++.h>
using namespace std;
const int N = 1e5 + 1;
struct sa {
    int t; // time
    int x; // country
};
queue<sa> vis;
int n, t, k, x, ans = 0;
int num[N];
int main() {
    ios::sync_with_stdio(false);
    sa tmp;
    cin >> n;
    for(int i = 1; i <= n; i++) {
        cin >> t >> k;
        for(int j = 1; j <= k; j++) {
            cin >> x;
            vis.push({t, x});
            if(num[x] == 0) ans++;
            num[x]++;
        }
        while(t - vis.front().t >= 86400) {
            tmp = vis.front();
            vis.pop();
            int x1 = tmp.x;
            num[x1]--;
            if(num[x1] == 0) ans--;
        }
        cout << ans << endl;
    }
}
```

```
    return 0；
}
```

例 4.11　(nefu–oj 1633)　小明正在使用一堆共 K 张纸牌与 N–1 个朋友玩取牌游戏。其中，N≤K≤100000，2≤N≤100，K 是 N 的倍数。纸牌中包含 M=K/N 张"good"牌和 K–M 张"bad"牌。小明负责发牌，他当然想自己获得所有"good"牌。

他的朋友怀疑他会欺骗，所以他们给出以下一些限制，以防小明欺骗他。

(1)游戏开始时，将最上面的牌发给小明右手边的人。

(2)每发完一张牌，他必须将接下来的 P(1≤P≤10) 张牌一张一张地依次移到最后，放在牌堆的底部。

(3)以逆时针方向，连续给每位玩家发牌。

小明迫切想赢，请你帮助他算出所有"good"牌放置的位置，以便他得到所有"good"牌。牌从上往下依次标注为#1，#2，#3，…。

输入格式：

第 1 行，3 个用一个空格间隔的正整数 N、K 和 P。

输出格式：

M 行，从顶部按升序依次输出"good"牌的位置(就是从小到大输出)。

利用队列模拟翻牌的过程即可，本题注意的问题：当剩下的牌数小于 p 时，也是要翻的。

代码：

```
#include ＜bits/stdc++.h＞
using namespace std；
const int N=1e5+5；
queue ＜int＞ vis；
int a[N]；
int main(){
    int n，k，p，num=0，q=0；
    cin ＞＞ n ＞＞ k ＞＞ p；
    for(int i=1；i ＜=k；i++)vis.push(i)；
    while(!vis.empty()){
        int tmp=vis.front()；
        vis.pop()；
        num++；
        if(num % n==0){
```

```
            a[q + +] = tmp;
         }
      if( !  vis. empty( ) )
         for( int i = 1 ; i  <  = p ; i + + ) {
            int tp = vis. front( ) ;
            vis. pop( ) ;
            vis. push( tp ) ;
         }
      }
   sort( a, a + k / n ) ;
   for( int i = 0 ; i  <  k / n ; i + + ) {
      cout  < <  a[ i ]  < <  endl ;
   }
   return 0 ;
}
```

4.1.6　stack

std::stack 类是容器适配器,它给予程序员栈的功能——特别是 FILO(先进后出)数据结构。

该类模板表现为底层容器的包装器——只提供特定函数集合。栈从被称作栈顶的容器尾部推弹元素。

1. stack 的声明

std::stack < T > v。T 是一个类型名,v 是所声明的对象名。需要注意的是,此处的 T 可以为任何一个类型名,包括但不限于 C + + 内置的 int、double、float 的固有类型,或者是程序所定义出的任何一种新的类型。

2. stack 的成员函数

(1) top( )。

访问栈顶元素。

(2) empty( )。

检查容器是否为空,若容器为空则为 true,否则为 false。

(3) size( )。

返回容器内的元素数。

（4）push（ ）。

向队列尾部插入元素。

（5）pop（ ）。

删除队列首个元素。

例 4.12　（nefu – oj 1624）　程序员输入程序出现差错时,可以采取以下的补救措施:按错了一个键时,可以补按一个退格符"#",以表示前一个字符无效;发现当前一行有错,可以按一个退行符"@",以表示"@"与前一个换行符之间的字符全部无效。

输入格式:

输入一行字符,个数不超过 100。

输出格式:

输出一行字符,表示实际有效字符。

利用栈去模拟记录输入的过程即可。退格符即弹出栈顶元素,退行符即弹出栈内所有元素

代码:

```cpp
#include < bits/stdc + + . h >
using namespace std;
char in[101];
int main( ){
    stack < char > s1;
    stack < char > s2;
    gets(in);
    int l = strlen(in);
    for(int i = 0; i < l; i + +){
        if(in[i] = = '@'){
            while(! s1.empty( )){
                s1.pop( ); //清空
            }
            continue;
        }

        if(in[i] = = '#'){
            if(! s1.empty( )){
```

```
        s1.pop();

        continue;

      }

    }

    s1.push(in[i]);

  }


  while(! s1.empty()){

    s2.push(s1.top());

    s1.pop();

  }

  //逆序输出

  while(! s2.empty()){

    printf("%c", s2.top());

    s2.pop();

  }

  printf("\n");

  return 0;

}
```

例 4.13 （nefu – oj 1630） 假设表达式中允许包含圆括号和方括号两种括号,其嵌套的顺序随意,如([]())或[([][])]等为正确的匹配,[(])或([]()或((()))均为错误的匹配。

本题的任务是检验一个给定表达式中的括号是否正确匹配。

输入一个只包含圆括号和方括号的字符串,判断字符串中的括号是否匹配,匹配就输出"OK",不匹配就输出"Wrong"。

输入格式:

一行字符,只含有圆括号和方括号,个数小于 255。

输出格式:

匹配就输出一行文本"OK",不匹配就输出一行文本"Wrong"。

栈相关的经典问题之一,遇到匹配的括号直接弹栈,如果最后栈为空则序列合法,否则反之。

代码:

```
#include <bits/stdc++.h>
using namespace std;
string a;
stack <char> s;
int main(){
    cin >> a;
    for(int i=0; i < a.length(); i++){
        if(s.empty()|| a[i] =='(' || a[i] =='['){
            s.push(a[i]);
            continue;
        }
        if(s.top() =='(' && a[i] ==')')
            s.pop();
        else if(s.top() =='[' && a[i] ==']')
            s.pop();
        else
            s.push(a[i]);
    }
    if(s.empty())
        printf("OK\n");
    else
        printf("Wrong\n");
    return 0;
}
```

例4.14　一列火车有4列车厢,经过编组后,车厢的编组顺序为3,2,4,1。你知道编组站是如何编组的吗? 编组的过程是由若干个进栈、出栈操作构成的。

输入格式:

第1行1个正整数 n,n <=100。

第2行 n 个小于或等于 n 的正整数,表示有 n 节车厢,编号为1,2,3,…,n,编组时按照进栈,第2行数据表示列车经过编组后的车厢编号顺序。

输出格式:

一行一个由大写字母 A 和 B 构成的字符串,A 表示进栈,B 表示出栈。表示编组时进栈出栈的操作序列。

需要利用栈的思想。先逆序把 1 - n 压入 vis1 栈;然后对 vis2 进行操作;对于每个 a[i],把 a[i] 和 vis2 栈顶元素进行比较;看大小关系,小于 a[i] 就把 vis1 的元素往 vis2 里面放;大于 a[i] 就把 vis2 的元素往 vis1 里面放,相等就退出本次 a[i] 的循环。

代码:

```cpp
#include <bits/stdc++.h>
using namespace std;
stack<int> vis1, vis2;
int a[200];
int main(){
  int n;
  cin >> n;
  for(int i=n; i>=1; i--)vis1.push(i);
  for(int i=1; i<=n; i++)cin >> a[i];
  for(int i=1; i<=n; i++){
    while(1){
      if(vis2.empty()){
        vis2.push(vis1.top());
        vis1.pop();
        cout << 'A';
        continue;
      }
      if(vis2.top() < a[i]){
        vis2.push(vis1.top());
        vis1.pop();
        cout << 'A';
        continue;
      }
      if(vis2.top() > a[i]){
        vis1.push(vis2.top());
        vis2.pop();
        cout << 'B';
```

```
        continue;
    }
    if(vis2. top( ) = = a[ i ]){
        vis2. pop( );
        cout < < 'B';
        break;
    }
    }
}
cout < < endl;
return 0;
}
```

4.2 STL 及其应用

STL 通常作为一种承载解题思想的工具,常见的是一系列预先实现的数据结构与算法,其本身并不能作为算法竞赛中考查的重点,而是一种手段。

理解 STL 更多是需要熟悉不同容器的原理,不同成员函数的功能与功用,并在需要的时候正确调用并付诸解决问题当中。

请读者参考下列的例题以增进对 STL 应用的理解。

例 4.15 最大的矩形(CSP 201312 - 3) 在横轴上放了 n 个相邻的矩形,每个矩形的宽度是 1,而第 i(1≤i≤n)个矩形的高度是 hi。这 n 个矩形构成了一个直方图。例如,图 4.1 中 6 个矩形的高度就分别是 3,1,6,5,2,3。

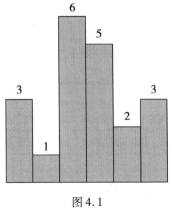

图 4.1

请找出能放在给定直方图里面积最大的矩形,它的边要与坐标轴平行。对于上面给出的例子,最大矩形如图 4.2 所示的空白部分,面积是 10。

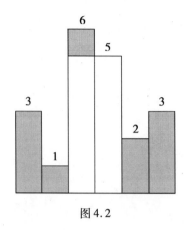

图 4.2

输入格式:

第一行包含一个整数 n,即矩形的数量($1 \leqslant n \leqslant 1000$)。

第二行包含 n 个整数 h1,h2,…,hn,相邻的数之间由空格分隔($1 \leqslant h_i \leqslant 10000$)。$h_i$ 是第 i 个矩形的高度。

输出格式:

输出一行,包含一个整数,即给定直方图内的最大矩形的面积。

样例输入:

6

 3 1 6 5 2 3

样例输出:

10

分析:

这是一个经典的单调栈求解最大矩形的问题。我们建立一个栈,用来保存若干个矩形,这些矩形的高度是单调递增的。我们从左到右依次扫描每一个矩形:如果当前矩形比栈顶矩形高,则直接进栈;否则,不断取出栈顶,直至栈为空或者栈顶矩形的高度比当前矩形小。在出栈过程中,我们累计被弹出的矩形的宽度之和,并且每弹出一个矩形,就用它的高度乘上累积的宽度更新答案。整个出栈过程结束后,我们把高度为当前矩形的高度、宽度为累计值的新矩形入栈。

代码:

```
#include <bits/stdc++.h>

using namespace std;
```

```cpp
typedef long long ll;
int a[1005];
stack < int > s;
int main()
{
    ios_base::sync_with_stdio(false);
    cin.tie(NULL);
    cout.tie(NULL);
    int n;
    cin >> n;
    for(int i = 1; i <= n; i++)
    {
        cin >> a[i];
    }
    a[n+1] = 0;
    n++;
    int ans = 0;
    s.push(a[1]);
    for(int i = 2; i <= n; i++)
    {
        if(a[i] >= s.top())
        {
            s.push(a[i]);
        }
        else
        {
            int cnt = 0;
            while(! s.empty() && a[i] < s.top())
            {
                cnt++;
                ans = max(ans, cnt * s.top());
                s.pop();
```

```
            }
        ans = max( ans, a[i] * ( cnt + 1 ) );
        while( cnt - - )
        {
            s.push( a[i] );
        }
        s.push( a[i] );
        }
    }
    cout << ans;
    return 0;
}
```

例 4.16 I'm stuck！（CSP 201312 - 5）给定一个 R 行 C 列的地图,地图的每一个方格可能是'#','+','-','|','.','S','T'7 个字符中的一个,分别表示如下含义:

'#':任何时候玩家都不能移动到此方格。

'+':当玩家到达这一方格后,下一步可以向上下左右四个方向相邻的任意一个非'#'方格移动一格。

'-':当玩家到达这一方格后,下一步可以向左右两个方向相邻的一个非'#'方格移动一格。

'|':当玩家到达这一方格后,下一步可以向上下两个方向相邻的一个非'#'方格移动一格。

'.':当玩家到达这一方格后,下一步只能向下移动一格。如果下面相邻的方格为'#',则玩家不能再移动。

'S':玩家的初始位置,地图中只会有一个初始位置。玩家到达这一方格后,下一步可以向上下左右四个方向相邻的任意一个非'#'方格移动一格。

'T':玩家的目标位置,地图中只会有一个目标位置。玩家到达这一方格后,可以选择完成任务,也可以选择不完成任务继续移动。如果继续移动下一步可以向上下左右四个方向相邻的任意一个非'#'方格移动一格。

此外,玩家不能移动出地图。

请找出满足下面两个性质的方格个数:

(1)玩家可以从初始位置移动到此方格;

(2)玩家不可以从此方格移动到目标位置。

输入格式:

输入的第一行包括两个整数 R 和 C(1≤R,C≤50),分别表示地图的行和列数。

接下来的 R 行每行都包含 C 个字符,它们表示地图的格子,地图上恰好有一个'S'和一个'T'。

输出格式:

如果玩家在初始位置就已经不能到达终点了,就输出"I'm stuck!"(不含双引号),否则,输出满足性质的方格的个数。

样例输入:

5 5

- - + - +

..|#.

..|##

S - + - T

####.

样例输出:

2

样例说明:

如果把满足性质的方格在地图上用'X'标记出来的话,地图如下所示:

- - + - +

..|#X

..|##

S - + - T

####X

分析:

一道比较容易看出的搜索问题,需要注意的是对不同的字符进行分别搜索,即从 S 点出发和从 T 点出发搜索两边,统计不可达点即可。需要通过 queue 去维持 bfs 的状态信息。

代码:

```cpp
#include <bits/stdc++.h>
using namespace std;
typedef long long ll;
```

```cpp
char maze[105][105];
struct node
{
    int x;
    int y;
    int step;
};
queue <node> q;
int fir[105][105];
bool vis[105][105];
int dirx[] = {1, -1, 0, 0};
int diry[] = {0, 0, 1, -1};
int main()
{
    ios_base::sync_with_stdio(false);
    cin.tie(NULL);
    cout.tie(NULL);
    int r, c;
    cin >> r >> c;
    int sx, sy, tx, ty;
    for(int i = 1; i <= r + 1; i++)
    {
        for(int j = 1; j <= c + 1; j++)
        {
            maze[i][j] = '#';
        }
    }
    for(int i = 1; i <= r; i++)
    {
        for(int j = 1; j <= c; j++)
```

```
            {
                cin >> maze[i][j];
                if(maze[i][j] == 'S')
                {
                    sx = i;
                    sy = j;
                }
                else if(maze[i][j] == 'T')
                {
                    tx = i;
                    ty = j;
                }
            }
        }
    q.push({sx, sy, 0});
    vis[sx][sy] = 1;
    int nostuck = 0;
    while(! q.empty())
    {
        node tmp = q.front();
        q.pop();
        if(maze[tmp.x][tmp.y] == 'T')
        {
            nostuck = 1;
        }
        if(maze[tmp.x][tmp.y] == 'S' || maze[tmp.x][tmp.y] == 'T' || maze[tmp.x]
[tmp.y] == '+')
        {
            //move
            for(int p = 0; p < 4; p++)
```

```
                {
                    if( maze[ tmp. x + dirx[ p ] ][ tmp. y + diry[ p ] ]!  = '#' && vis[ tmp. x + dirx[ p ] ]
[ tmp. y + diry[ p ] ] = = false)
                    {
                        q. push( { tmp. x + dirx[ p ] ,  tmp. y + diry[ p ] ,  tmp. step + 1 } ) ;
                        vis[ tmp. x + dirx[ p ] ][ tmp. y + diry[ p ] ] = true ;
                    }
                }
            }
            else if( maze[ tmp. x ][ tmp. y ] = = ' - ')
            {
                for( int p = 2;  p  < 4;  p + + )
                {
                    if( maze[ tmp. x + dirx[ p ] ][ tmp. y + diry[ p ] ]!  = '#' && vis[ tmp. x + dirx[ p ] ]
[ tmp. y + diry[ p ] ] = = false)
                    {
                        q. push( { tmp. x + dirx[ p ] ,  tmp. y + diry[ p ] ,  tmp. step + 1 } ) ;
                        vis[ tmp. x + dirx[ p ] ][ tmp. y + diry[ p ] ] = true ;
                    }
                }
            }
            else if( maze[ tmp. x ][ tmp. y ] = = '|')
            {
                for( int p = 0;  p  < 2;  p + + )
                {
                    if( maze[ tmp. x + dirx[ p ] ][ tmp. y + diry[ p ] ]!  = '#' && vis[ tmp. x + dirx[ p ] ]
[ tmp. y + diry[ p ] ] = = false)
                    {
                        q. push( { tmp. x + dirx[ p ] ,  tmp. y + diry[ p ] ,  tmp. step + 1 } ) ;
                        vis[ tmp. x + dirx[ p ] ][ tmp. y + diry[ p ] ] = true ;
```

```
            }
         }
      }
      else if(maze[tmp.x][tmp.y] = = '.')
      {
         for(int p = 0; p < 1; p + +)
         {
            if(maze[tmp.x + dirx[p]][tmp.y + diry[p]]! = '#' && vis[tmp.x + dirx[p]]
[tmp.y + diry[p]] = = false)
            {
               q.push({tmp.x + dirx[p], tmp.y + diry[p], tmp.step + 1});
               vis[tmp.x + dirx[p]][tmp.y + diry[p]] = true;
            }
         }
      }
   }
   if(nostuck = = 0)
   {
      cout < < "I'm stuck!";
      return 0;
   }
   for(int i = 1; i < = r; i + +)
   {
      for(int j = 1; j < = c; j + +)
      {
         if(vis[i][j])
         {
            fir[i][j] = 1;
         }
      }
```

```
    }
  int cnt = 0;
  for( int i = 1; i < = r; i + + )
  {
    for( int j = 1; j < = c; j + + )
    {
      if( fir[ i ][ j ] = = 1 )
      {
        int flag = 0;
        memset( vis, 0, sizeof( vis ) );
        q. push( { i, j, 0 } );
        vis[ i ][ j ] = 1;
        while( ! q. empty( ) )
        {
          node tmp = q. front( );
          q. pop( );
          if( maze[ tmp. x ][ tmp. y ] = = 'T' )
          {
            flag = 1;
            while( ! q. empty( ) )
            {
              q. pop( );
            }
            break;
          }

          if( maze[ tmp. x ][ tmp. y ] = = 'S' || maze[ tmp. x ][ tmp. y ] = = 'T' || maze[ tmp. x ][ tmp. y ] = = ' + ' )
          {
            //move
```

```
                for( int p = 0; p < 4; p + + )
                {
                    if( maze[ tmp. x + dirx[ p ] ][ tmp. y + diry[ p ] ]! = '#' && vis[ tmp. x +
dirx[ p ] ][ tmp. y + diry[ p ] ] = = false)
                    {
                        q. push( { tmp. x + dirx[ p ], tmp. y + diry[ p ], tmp. step + 1} );
                        vis[ tmp. x + dirx[ p ] ][ tmp. y + diry[ p ] ] = true;
                    }
                }
            }
            else if( maze[ tmp. x ][ tmp. y ] = = ' - ')
            {
                for( int p = 2; p < 4; p + + )
                {
                    if( maze[ tmp. x + dirx[ p ] ][ tmp. y + diry[ p ] ]! = '#' && vis[ tmp. x +
dirx[ p ] ][ tmp. y + diry[ p ] ] = = false)
                    {
                        q. push( { tmp. x + dirx[ p ], tmp. y + diry[ p ], tmp. step + 1} );
                        vis[ tmp. x + dirx[ p ] ][ tmp. y + diry[ p ] ] = true;
                    }
                }
            }
            else if( maze[ tmp. x ][ tmp. y ] = = 'l')
            {
                for( int p = 0; p < 2; p + + )
                {
                    if( maze[ tmp. x + dirx[ p ] ][ tmp. y + diry[ p ] ]! = '#' && vis[ tmp. x +
dirx[ p ] ][ tmp. y + diry[ p ] ] = = false)
                    {
                        q. push( { tmp. x + dirx[ p ], tmp. y + diry[ p ], tmp. step + 1} );
```

```
                    vis[ tmp. x + dirx[ p] ][ tmp. y + diry[ p] ] = true;
                }
            }
        }
        else if( maze[ tmp. x ][ tmp. y ] = = '. ')
        {
            for( int p = 0; p < 1; p + + )
            {
                if( maze[ tmp. x + dirx[ p] ][ tmp. y + diry[ p] ]! = '#' && vis[ tmp. x +
dirx[ p] ][ tmp. y + diry[ p] ] = = false)
                {
                    q. push( {tmp. x + dirx[ p], tmp. y + diry[ p], tmp. step + 1} );
                    vis[ tmp. x + dirx[ p] ][ tmp. y + diry[ p] ] = true;
                }
            }
        }
    }
    if( ! flag)
    {

        cnt + + ;
    }
    }
    }
    }
    cout < < cnt < < "\n";
    return 0;
}
```

例 4.17 相反数(CSP 201403 - 1)   有 N 个非零且各不相同的整数。请你编一个程序求出它们中有多少对相反数(a 和 - a 为一对相反数)。

输入格式:

第一行包含一个正整数 N(1≤N≤500)。

第二行为 N 个用单个空格隔开的非零整数,每个数的绝对值不超过 1000,保证这些整数各不相同。

输出格式:

只输出一个整数,即这 N 个数中包含多少对相反数。

样例输入:

5

1 2 3 −1 −2

样例输出:

2

分析:

利用 set 去记录整数,遍历并统计是否有相反数存在即可。

代码:

```cpp
#include <bits/stdc++.h>
using namespace std;
typedef long long ll;
set<int> s;
int main()
{
    ios_base::sync_with_stdio(false);
    cin.tie(NULL);
    cout.tie(NULL);
    int n;
    cin >> n;
    int tmp;
    for(int i=0; i < n; i++)
    {
        cin >> tmp;
        s.insert(tmp);
```

```
        }

        int cnt = 0;

        for( auto it : s)

        {

            if( it > 0 && s. count( - it) > =1)

            {

                cnt + + ;

            }

        }

        cout < < cnt;

        return 0;

}
```

例 4.18 命令行选项(CSP 201403 - 3) 请你写一个命令行分析程序,用以分析给定的命令行里包含哪些选项。每个命令行由若干个字符串组成,它们之间恰好由一个空格分隔。这些字符串中的第一个为该命令行工具的名字,由小写字母组成,你的程序不用对它进行处理。在工具名字之后可能会包含若干选项,然后可能会包含一些不是选项的参数。

选项有两类:带参数的选项和不带参数的选项。一个合法的无参数选项的形式是一个减号后面跟单个小写字母,如" - a"或" - b"。而带参数选项则由两个由空格分隔的字符串构成,前者的格式要求与无参数选项相同,后者则是该选项的参数,是由小写字母、数字和减号组成的非空字符串。

该命令行工具的作者提供给你一个格式字符串以指定他的命令行工具需要接受哪些选项。这个字符串由若干小写字母和冒号组成,其中的每个小写字母表示一个该程序接受的选项。如果该小写字母后面紧跟了一个冒号,它就表示一个带参数的选项,否则则为不带参数的选项。例如,"ab:m:"表示该程序接受 3 种选项,即" - a"(不带参数)," - b"(带参数),以及" - m"(带参数)。

命令行工具的作者准备了若干条命令行用以测试你的程序。对于每个命令行,你的工具应当一直向后分析。当你的工具遇到某个字符串既不是合法的选项,又不是某个合法选项的参数时,分析就停止。命令行剩余的未分析部分不构成该命令的选项,因此你的程序应当忽略它们。

输入格式:

输入的第一行是一个格式字符串,它至少包含一个字符,且长度不超过52。格式字符串只包含小写字母和冒号,保证每个小写字母至多出现一次,不会有两个相邻的冒号,也不会以冒号开头。

输入的第二行是一个正整数 N(1≤N≤20),表示你需要处理的命令行的个数。

接下来有 N 行,每行是一个待处理的命令行,它包括不超过 256 个字符。该命令行一定是若干个由单个空格分隔的字符串构成,每个字符串里只包含小写字母、数字和减号。

输出格式:

输出有 N 行。其中第 i 行以"Casei:"开始,然后应当恰好有一个空格,然后应当按照字母升序输出该命令行中用到的所有选项的名称,对于带参数的选项,在输出它的名称之后还要输出它的参数。如果一个选项在命令行中出现了多次,则只输出一次。如果一个带参数的选项在命令行中出现了多次,则只输出最后一次出现时所带的参数。

样例输入:

albw:x

4

ls －a －l －a documents －b

ls

ls －w 10 －x －w 15

ls －a －b －c －d －e －l

样例输出:

Case 1：－a －l

Case 2：

Case 3：－w 15 －x

Case 4：－a －b

分析:

大模拟题,需要仔细阅读题意,遵循题意编写即可。这一类问题就可以充分发挥 STL 的强大威力。

代码:

```cpp
#include <bits/stdc++.h>
using namespace std;
map<char, string> m;
```

```cpp
set < char > unPar;
set < char > Par;
vector < string > vec;
vector < char > outpt;
int main( )
{
    string in;
    cin >> in;
    for( int i =0; i < in. length( ); i + + )
    {
        if( i + 1 < in. length( ) && in[ i + 1 ] = = ':')
        {
            Par. insert( in[ i ] );
            i + + ;
        }
        else
        {
            unPar. insert( in[ i ] );
        }
    }
    int t;
    cin >> t;
    int cases =1;
    string comd;
    cin >> comd;
    while( t - - )
    {
        outpt. clear( );
        vec. clear( );
        m. clear( );
```

```
string tmp;
while( cin > > tmp && tmp! = comd)
{
    vec. push_back( tmp) ;
}
int n = vec. size( ) ;
for( int i = 0; i < n; i + + )
{
    if( vec[ i][ 0]! = ' - ')
    {
        break;
    }
    if( unPar. count( vec[ i][ 1] )&&( i = = n - 1 | | vec[ i + 1][ 0] = = ' - ') )
    {
        //不带参数找到
        m[ vec[ i][ 1] ] = " " ;
        if( find( outpt. begin( ) , outpt. end( ) , vec[ i][ 1] ) = = outpt. end( ) )
        {
            outpt. push_back( vec[ i][ 1] ) ;
        }
    }
    else if( Par. count( vec[ i][ 1] )&& i < n - 1 &&! ( vec[ i + 1][ 0] = = ' - ' &&
vec[ i + 1]. length( ) = = 1) )
    {
        //带参数找到
        m[ vec[ i][ 1] ] = vec[ i + 1] ;
        if( find( outpt. begin( ) , outpt. end( ) , vec[ i][ 1] ) = = outpt. end( ) )
        {
            outpt. push_back( vec[ i][ 1] ) ;
        }
```

```
            i + + ;
        }
    else if( unPar. count( vec[ i ][ 1 ] ) )
        {
            //不带参数,但之后不合法
            m[ vec[ i ][ 1 ] ] = " " ;
            if( find( outpt. begin( ) , outpt. end( ) , vec[ i ][ 1 ] ) = = outpt. end( ) )
            {
                outpt. push_back( vec[ i ][ 1 ] ) ;
            }
        }
    else
        {
            break ;
        }
    }
    printf( " Case % d : " , cases + + ) ;
    sort( outpt. begin( ) , outpt. end( ) ) ;
    for( auto it : outpt)
    {
        cout < < " - " < < it < < " " ;
        f( m[ it ] ! = " " )
        {
            cout < < m[ it ] < < " " ;
        }
    }
    cout < < " \n" ;
    }
    return 0 ;
}
```

例 4.19　字符串匹配(CSP 201409 - 3)　给出一个字符串和多行文字,在这些文字中找到字符串出现的那些行。你的程序还需支持大小写敏感选项:当选项打开时,表示同一个字母的大写和小写看作不同的字符;当选项关闭时,表示同一个字母的大写和小写看作相同的字符。

输入格式:

输入的第一行包含一个字符串 S,由大小写英文字母组成。

第二行包含一个数字,表示大小写敏感的选项,当数字为 0 时表示大小写不敏感,当数字为 1 时表示大小写敏感。

第三行包含一个整数 n,表示给出的文字的行数。

接下来 n 行,每行包含一个字符串,字符串由大小写英文字母组成,不含空格和其他字符。

输出格式:

输出多行,每行包含一个字符串,按出现的顺序依次给出那些包含了字符串 S 的行。

样例输入:

Hello

1

5

HelloWorld

HiHiHelloHiHi

GrepIsAGreatTool

HELLO

HELLOisNOTHello

样例输出:

HelloWorld

HiHiHelloHiHi

HELLOisNOTHello

样例说明:

在上面的样例中,第 4 个字符串虽然也是 Hello,但是大小写不正确。如果将输入的第二行改为 0,则第 4 个字符串应该输出。

评测用例规模与约定:

$1 < = n < = 100$，每个字符串的长度不超过 100。

分析：

利用好 STL 中的 find 函数，即可快速查找子串。需要注意的是，如果模糊大小写，则只需要将所有的字符统一变成大写或小写即可。

代码：

```cpp
#include <bits/stdc++.h>
using namespace std;
typedef long long ll;
string to_upper_case(string in)
{
    for(int i=0; i < in.length(); i++)
    {
        if(in[i] >= 'a' && in[i] <= 'z')
        {
            in[i] += ('A' - 'a');
        }
    }
    return in;
}
int main()
{
    ios_base::sync_with_stdio(false);
    cin.tie(NULL);
    cout.tie(NULL);
    string cp;
    cin >> cp;
    int flag;
    cin >> flag;
    int n;
    cin >> n;
```

```
    for( int i = 0; i < n; i++)
    {
        string in;
        cin >> in;
        if( flag)
        {
            if( in. find( cp)! = string::npos)
            {
                cout << in << "\n";
            }
        }
        else
        {
            if( to_upper_case( in). find( to_upper_case( cp))! = string::npos)
            {
                cout << in << "\n";
            }
        }
    }
    return 0;
}
```

例 4.20　路径解析(CSP 201604 - 3)　在操作系统中,数据通常以文件的形式存储在文件系统中。文件系统一般采用层次化的组织形式,由目录(或者文件夹)和文件构成,形成一棵树的形状。文件有内容,用于存储数据。目录是容器,可包含文件或其他目录。同一个目录下的所有文件和目录的名字各不相同,不同目录下可以有名字相同的文件或目录。

为了指定文件系统中的某个文件,需要用路径来定位。在类 Unix 系统(Linux、Max OS X、FreeBSD 等)中,路径由若干部分构成,每个部分是一个目录或者文件的名字,相邻两个部分之间用"/"符号分隔。

有一个特殊的目录被称为根目录,是整个文件系统形成的这棵树的根节点,用一个单独的"/"符号表示。在操作系统中,有当前目录的概念,表示用户目前正在工作的目录。根据出发点可以把路径分为两类：

绝对路径：以"/"符号开头，表示从根目录开始构建的路径。

相对路径：不以"/"符号开头，表示从当前目录开始构建的路径。

例如，有一个文件系统的结构如下所示。在这个文件系统中，有根目录/和其他普通目录 d1、d2、d3、d4，以及文件 f1、f2、f3、f1、f4。其中，两个 f1 是同名文件，但在不同的目录下。

```
/ - + - d1 - + - f1
  |            \ - f2
  |            \ - f2
  \ - d2 - + - d3 - - - f3
           |
           + - d4 - - - f1
           |
           \ - f4
```

对于 d4 目录下的 f1 文件，可以用绝对路径/d2/d4/f1 来指定。如果当前目录是/d2/d3，这个文件也可以用相对路径../d4/f1 来指定，这里..表示上一级目录（注意，根目录的上一级目录是它本身）。还有.表示本目录，例如/d1/./f1 指定的就是/d1/f1。注意，如果有多个连续的/出现，其效果等同于一个/，例如/d1///f1 指定的也是/d1/f1。

本题会给出一些路径，要求对于每个路径，给出正规化以后的形式。一个路径经过正规化操作后，其指定的文件不变，但是会变成一个不包含.和..的绝对路径，且不包含连续多个/符号。如果一个路径以/结尾，那么它代表的一定是一个目录，正规化操作要去掉结尾的/。若这个路径代表根目录，则正规化操作的结果是/。若路径为空字符串，则正规化操作的结果是当前目录。

输入格式：

第一行包含一个整数 P，表示需要进行正规化操作的路径个数。

第二行包含一个字符串，表示当前目录。

以下 P 行，每行包含一个字符串，表示需要进行正规化操作的路径。

输出格式：

共 P 行，每行一个字符串，表示经过正规化操作后的路径，顺序与输入对应。

样例输入：

7

/d2/d3

/d2/d4/f1

../d4/f1

/d1/./f1

/d1///f1

/d1/

///

/d1/../../d2

样例输出:

/d2/d4/f1

/d2/d4/f1

/d1/f1

/d1/f1

/d1

/

/d2

评测用例规模与约定:

  1≤P≤10。

文件和目录的名字只包含大小写字母、数字和小数点.、减号 – 以及下划线_。

不会有文件或目录的名字是.或..,它们具有题目描述中给出的特殊含义。

输入的所有路径每个长度不超过 1000 个字符。

输入的当前目录保证是一个经过正规化操作后的路径。

对于前 30% 的测试用例,需要正规化的路径的组成部分不包含.和..。

对于前 60% 的测试用例,需要正规化的路径都是绝对路径。

分析:

本题需要用到字符串的流式处理特性,利用分析栈去处理字符串(分析栈)。

利用 vector 建立两个栈 stk 和 tmpstk,一个存放当前路径的正规化结果,一个存放每一次给出的路径的正规化结果。

首先,将当前路径正规化,遍历输入的字符串。

(注意! 可能会输入空行,所以此处选用 getline(cin,path);。)

遇到/时停下,如果当前字符子串是..则出栈,如果是.则不动,其他情况将元素入栈。

接下来将 stk 的值赋给 tmpstk,再次用同样的流程遍历,不过要判断如果刚开始读入的子串为空,也就是从根目录开始,就要把 tmpstk 清零,因为接下来的操作与当前路径无关了。

输出一个个弹出栈的元素就行了。

代码：

```cpp
#include <iostream>
#include <sstream>
#include <cstring>
#include <vector>
using namespace std;
void formalize(vector<string> &stk, string path)
{
    stringstream ss(path);
    string dir;
    bool flag = 1;
    while(getline(ss, dir, '/'))
    {//寻找下一个'/'之前的字符子集
        if(dir.empty())
        {//如果是空的,就把 stk 清空
            if(flag)
                stk = vector<string>();
        }
        else if(dir == "..")//出栈
        {
            if(!stk.empty())//注意!
                stk.pop_back();
        }
        else if(dir == ".")
        {
        } //不做操作
        else
        {
            stk.push_back(dir); //入栈
        }
        flag = 0;
    }
}
void printstk(vector<string> stk)
{
    if(stk.empty())
```

```
        cout << "/"; //特殊情况
    for(int i = 0; i < stk.size(); i++)
    {
        cout << "/" << stk[i];
    }
    cout << endl;
}
int main()
{
    int n;
    vector < string > stk, tmpstk;
    cin >> n;
    string current;
    cin >> current;
    formalize(stk, current);
    cin.ignore(); //去掉回车,防止回车被下面的 getline 读取
    while(n--)
    {
        string path;
        getline(cin, path);
        tmpstk = stk;
        formalize(tmpstk, path);
        printstk(tmpstk);
    }
    return 0;
}
```

例 4.21 游戏(CSP 201609-3) 游戏在一个战斗棋盘上进行,由两名玩家轮流进行操作,本题所使用的游戏的简化规则如下:

(1)玩家会控制一些角色,每个角色有自己的生命值和攻击力。当生命值小于等于 0 时,该角色死亡。角色分为英雄和随从。

(2)玩家各控制一个英雄,游戏开始时,英雄的生命值为 30,攻击力为 0。当英雄死亡时,游戏结束,英雄未死亡的一方获胜。

(3)玩家可在游戏过程中召唤随从。棋盘上每方都有 7 个可用于放置随从的空位,从左到右一字排开,被称为战场。当随从死亡时,它将被从战场上移除。

(4)游戏开始后,两位玩家轮流进行操作,每个玩家的连续一组操作称为一个回合。

(5)每个回合中,当前玩家可进行零个或者多个以下操作:

①召唤随从:玩家召唤一个随从进入战场,随从具有指定的生命值和攻击力。

②随从攻击:玩家控制自己的某个随从攻击对手的英雄或者某个随从。

③结束回合:玩家声明自己的当前回合结束,游戏将进入对手的回合。该操作一定是一个回合的最后一个操作。

（6）当随从攻击时,攻击方和被攻击方会同时对彼此造成等同于自己攻击力的伤害。受到伤害的角色的生命值将会减少,数值等同于受到的伤害。例如,随从 X 的生命值为 HX、攻击力为 AX,随从 Y 的生命值为 HY、攻击力为 AY,如果随从 X 攻击随从 Y,则攻击发生后随从 X 的生命值变为 HX – AY,随从 Y 的生命值变为 HY – AX。攻击发生后,角色的生命值可以为负数。

本题将给出一个游戏的过程,要求编写程序模拟该游戏过程并输出最后的局面。

输入格式:

输入第一行是一个整数 n,表示操作的个数。接下来 n 行,每行描述一个操作,格式如下:

＜action＞ ＜arg1＞ ＜arg2＞…

其中＜action＞表示操作类型,是一个字符串,共有 3 种:summon 表示召唤随从,attack 表示随从攻击,end 表示结束回合。这 3 种操作的具体格式如下:

summon ＜position＞ ＜attack＞ ＜health＞:当前玩家在位置＜position＞召唤一个生命值为＜health＞、攻击力为＜attack＞的随从。其中＜position＞是一个 1 到 7 的整数,表示召唤的随从出现在战场上的位置,原来该位置及右边的随从都将顺次向右移动一位。

attack ＜attacker＞ ＜defender＞:当前玩家的角色＜attacker＞攻击对方的角色＜defender＞。＜attacker＞是 1 到 7 的整数,表示发起攻击的本方随从编号,＜defender＞是 0 到 7 的整数,表示被攻击的对方角色,0 表示攻击对方英雄,1 到 7 表示攻击对方随从的编号。

end:当前玩家结束本回合。

注意:随从的编号会随着游戏的进程发生变化,当召唤一个随从时,玩家指定召唤该随从放入战场的位置,此时,原来该位置及右边的所有随从编号都会增加 1。而当一个随从死亡时,它右边的所有随从编号都会减少 1。任意时刻,战场上的随从总是从 1 开始连续编号。

输出格式:

输出共 5 行。

第 1 行包含一个整数,表示这 n 次操作后(以下称为 T 时刻)游戏的胜负结果,1 表示先手玩家获胜,–1 表示后手玩家获胜,0 表示游戏尚未结束,还没有人获胜。

第 2 行包含一个整数,表示 T 时刻先手玩家的英雄的生命值。

第 3 行包含若干个整数,第一个整数 p 表示 T 时刻先手玩家在战场上存活的随从个数,之后 p 个整数,分别表示这些随从在 T 时刻的生命值(按照从左往右的顺序)。

第 4 行和第 5 行与第 2 行和第 3 行类似,只是将玩家从先手玩家换为后手玩家。

样例输入:

8

summon 1 3 6

summon 2 4 2

end

summon 1 4 5

summon 1 2 1

attack 1 2

end

attack 1 1

样例输出:

0

30

1　2

30

1　2

样例说明:

按照样例输入从第 2 行开始逐行地解释如下。

(1)先手玩家在位置 1 召唤一个生命值为 6、攻击力为 3 的随从 A,是本方战场上唯一的随从。

(2)先手玩家在位置 2 召唤一个生命值为 2、攻击力为 4 的随从 B,出现在随从 A 的右边。

(3)先手玩家回合结束。

(4)后手玩家在位置 1 召唤一个生命值为 5、攻击力为 4 的随从 C,是本方战场上唯一的随从。

(5)后手玩家在位置 1 召唤一个生命值为 1、攻击力为 2 的随从 D,出现在随从 C 的左边。

(6)随从 D 攻击随从 B,双方均死亡。

(7)后手玩家回合结束。

(8)随从 A 攻击随从 C,双方的生命值都降低至 2。

评测用例规模与约定:

操作的个数 $0 \leqslant n \leqslant 1000$。

随从的初始生命值为 1 到 100 的整数,攻击力为 0 到 100 的整数。

保证所有操作均合法,包括但不限于:

①召唤随从的位置一定是合法的,即如果当前本方战场上有 m 个随从,则召唤随从的位置一定在 1 到 m+1 之间,其中 1 表示战场最左边的位置,m+1 表示战场最右边的位置;

②当本方战场有 7 个随从时,不会再召唤新的随从;

③发起攻击和被攻击的角色一定存在,发起攻击的角色攻击力大于 0;

④一方英雄如果死亡,就不再会有后续操作。

数据约定:

①前 20% 的评测用例召唤随从的位置都是战场的最右边;

②前 40% 的评测用例没有 attack 操作;

③前 60% 的评测用例不会出现随从死亡的情况。

分析:

题目不难,条件也给得很明确,顺着写下来就行。本题中采用了两个数组来存储先手玩家和后手玩家的角色信息,在移动时也比较方便。

代码:

```cpp
#include <bits/stdc++.h>
using namespace std;
typedef long long ll;
vector <pair <int, int> > ve[5]; // att hea
int main()
{
    ios_base::sync_with_stdio(false);
    cin.tie(NULL);
    cout.tie(NULL);
    int n;
    cin >> n;
    ve[0].push_back({0, 30});
    ve[1].push_back({0, 30});
    int ho = 0;
    int flag = 0;
    while(n--)
    {
```

```cpp
string op;
cin >> op;
if(op == "summon")
{
    int ps, at, he;
    cin >> ps >> at >> he;
    ve[ho].insert(ve[ho].begin() + ps, {at, he});
}
else if(op == "attack")
{
    int atk, def;
    cin >> atk >> def;
    ve[ho][atk].second -= ve[!ho][def].first;
    ve[!ho][def].second -= ve[ho][atk].first;
    if(ve[ho][atk].second <= 0 && atk != 0)
    {
        ve[ho].erase(ve[ho].begin() + atk);
    }
    if(ve[!ho][def].second <= 0 && def != 0)
    {
        ve[!ho].erase(ve[!ho].begin() + def);
    }
}
else
{
    if(ve[!ho][0].second <= 0)
    {
        //英雄死了
        break;
    }
    ho = !ho;
}
```

```
        }
        if( ve[ ! ho][0]. second  < =0)
        {
            cout  < <(( ho = =0)? 1 :  -1) < < "\n";
        }
        else
        {
            cout  < < 0  < < "\n";
        }
        cout  < < ve[0][0]. second  < < "\n";
        ve[0]. erase( ve[0]. begin( ) +0);
        cout  < < ve[0]. size( ) < < " ";
        for( auto it : ve[0])
        {
            cout  < < it. second  < < " ";
        }
        cout  < < "\n";
        cout  < < ve[1][0]. second  < < "\n";
        ve[1]. erase( ve[1]. begin( ) +0);
        cout  < < ve[1]. size( ) < < " ";

        for( auto it : ve[1])
        {
            cout  < < it. second  < < " ";
        }
        cout  < < "\n";
        return 0;
    }
```

例 4.22　化学方程式(CSP 201912 –3)　化学方程式,也称为化学反应方程式,是用化学式表示化学反应的式子。

给出一组化学方程式,请你编写程序判断每个方程式是否配平(也就是方程式中等号左右两边的元素种类和对应的原子个数是否相同)。

本题给出的化学方程式由大小写字母、数字和符号(包括等号=、加号+、左圆括号(和右圆括号))组成,不会出现其他字符(包括空白字符,如空格、制表符等)。

化学方程式的格式与化学课本中的形式基本相同(化学式中表示元素原子个数的下标用正常文本,如 H_2O 写成 H2O),用自然语言描述如下:

化学方程式由左右两个表达式组成,中间用一个等号=连接,如 $2H_2 + O_2 = 2H_2O$。

表达式由若干部分组成,每部分由系数和化学式构成,部分之间用加号+连接,如 $2H_2 + O_2$、$2H_2O$。

系数是整数或空串,如为空串表示系数为11。

整数由一个或多个数字构成。

化学式由若干部分组成,每部分由项和系数构成,部分之间直接连接,如 H_2O、CO_2、$Ca(OH)_2$、$Ba_3(PO_4)_2$。

项是元素或用左右圆括号括起来的化学式,如 H、Ca、(OH)、(PO4)。

元素可以是一个大写字母,也可以是一个大写字母跟着一个小写字母,如 H、O、Ca。

用巴科斯范式(Backus – Naur form,BNF)给出的形式化定义如下:

< equation > ::= < expr > " = " < expr >

< expr > ::= < coef > < formula > | < expr > " + " < coef > < formula >

< coef > ::= < digits > | " "

< digits > ::= < digit > | < digits > < digit >

< digit > ::= "0" | "1" |... | "9"

< formula > ::= < term > < coef > | < formula > < term > < coef >

< term > ::= < element > | " (" < formula > ") "

< element > ::= < uppercase > | < uppercase > < lowercase >

< uppercase > ::= "A" | "B" |... | "Z"

< lowercase > ::= "a" | "b" |... | "z"

输入格式:

输入的第一行包含一个正整数 nn,表示输入的化学方程式个数。

接下来 nn 行,每行是一个符合定义的化学方程式。

输出格式:

输出共 nn 行,每行是一个大写字母 Y 或 N,回答输入中相应的化学方程式是否配平。

数据范围:

$1 \le n \le 100 1 \le n \le 100$

输入的化学方程式都是符合题目中给出的定义的,且长度不超过1000。

系数不会有前导零,也不会有为零的系数。

化学方程式的任何一边,其中任何一种元素的原子总个数都不超过 10^9。

表 4.2　测试点编号

测试点编号	满足条件
1,2	只包含大写字母和等号
3,4	加入小写字母和加号
5,6	加入数字
7,8	加入圆括号,圆括号不会出现嵌套
9,10	圆括号可以出现嵌套

输入样例:

11

$H_2 + O_2 = H_2O$

$2H_2 + O_2 = 2H_2O$

$2Na + Cl_2 = 2NaCl$

$H_2 + Cl_2 = 2HCl$

$CH_4 + 2O_2 = CO_2 + 2H_2O$

$CaCl_2 + 2AgNO_3 = Ca(NO_3)_2 + 2AgCl$

$3Ba(OH)_2 + 2H_3PO_4 = 6H_2O + Ba_3(PO_4)_2$

$3Ba(OH)_2 + 2H_3PO_4 = Ba_3(PO_4)_2 + 6H_2O$

$4Zn + 10HNO_3 = 4Zn(NO_3)_2 + NH_4NO_3 + 3H_2O$

$4Au + 8NaCN + 2H_2O + O_2 = 4Na(Au(CN)_2) + 4NaOH$

$Cu + As = Cs + Au$

输出样例:

N

Y

N

Y

Y

Y

Y

Y

Y

Y

N

分析：

本题需要大量使用 STL，并利用栈处理字符串的经验，分析字符串状态。

本题中需要通过深度优先的思路（即为栈），去处理化学方程式中括号嵌套的情况。

化学式这个大"项"可以看作一棵大树，内部的每个"( )"代表子树，子树的系数为"( )"后面紧跟的数字。据此可以分析该化学式。分析时，从后往前扫描，先扫描计算项的系数，遇到"）"后，再递归扫描该项。每个元素的系数，为递归进入元素所在的"简单项"时系数的累乘。

代码：

```cpp
#include <bits/stdc++.h>
using namespace std;
typedef long long ll;
map<string, int> chl;
map<string, int> chr;
vector<string> onl;
vector<string> onr;
map<string, int> dfs(string in)
{
    // cout << in << "\n";
    map<string, int> ret;
    map<string, int> lasElem;
    for(int i=0; i < in.length(); i++)
    {
        if(in[i] >= '1' && in[i] <= '9')
        {
            int j=i;
            int cnt=1;
            while(j+1 < in.length() && in[j+1] >= '0' && in[j+1] <= '9')
            {
                j++;
            }
```

```
            cnt * = stoi(in.substr(i, j + 1));
            //数字的作用域只会是上一个元素或是元素组,并且会将他们一并抛弃
            for(auto it : lasElem)
            {
                ret[it.first] + = it.second * cnt;
            }
            lasElem.clear();
            i = j;
        }
        else if(in[i] == '(')
        {
            if(! lasElem.empty())
            {
                for(auto it : lasElem)
                {
                    ret[it.first] + = it.second;
                }
            }
            string nxt;
            int bd = 0;
            for(int j = i; j < in.length(); j + +)
            {
                if(in[j] == '(')
                {
                    bd + + ;
                }
                else if(in[j] == ')')
                {
                    bd - - ;
                }
                if(bd == 0)
                {
```

```
                nxt = in. substr(i + 1, j - i - 1);
                bd = j;
                break;
            }
        }
        lasElem. clear();
        lasElem = dfs(nxt);
        i = bd;
        //遇到括号,递归计数
    }
    else
    {
        // element
        if( ! lasElem. empty())
        {
            for( auto it : lasElem)
            {
                ret[ it. first] + = it. second;
            }
        }
        lasElem. clear();
        int j = i;
        int cnt = 1;
        while( j + 1 < in. length() && in[ j + 1] > = 'a' && in[ j + 1] < = 'z')
        {
            j + +;
        }
        string curElem = in. substr(i, j - i + 1);
        lasElem[ curElem] = 1;
        i = j;
    }
}
```

```cpp
    if( ! lasElem. empty( ) )
    {
        for( auto it : lasElem)
        {
            ret[ it. first] + = it. second;
        }
    }
    return ret;
}
int main( )
{
    ios_base::sync_with_stdio(false);
    cin. tie( NULL);
    cout. tie( NULL);
    int t;
    cin >> t;
    while( t - - )
    {
        chl. clear( );
        chr. clear( );
        onl. clear( );
        onr. clear( );
        string in;
        cin >> in;
        if( in. find( ' = ') ! = string::npos)
        {
            string l = in. substr(0, in. find( ' = '));
            string r = in. substr( in. find( ' = ') +1);
            while( l. find( ' + ') ! = string::npos)
            {
                onl. push_back( l. substr(0, l. find( ' + ')));
                l = l. substr( l. find( ' + ') +1);
```

```cpp
        }
        onl. push_back(l);
        while(r. find('+')! = string::npos)
        {
            onr. push_back(r. substr(0, r. find('+')));
            r = r. substr(r. find('+') +1);
        }
        onr. push_back(r);
    }
    for(string it : onl)
    {
        int baseCnt = 1;
        int i = 0;
        if(it[0] > = '1' && it[0] < = '9')
        {
            // num start
            i = 0;
            while(i +1 < it. length() && it[i +1] > = '0' && it[i +1] < = '9')
            {
                i + +;
            }
            baseCnt * = stoi(it. substr(0, i +1));
        }
        auto temp = dfs(it. substr(i = =0? 0 : i +1));
        for(auto it : temp)
        {
            chl[it. first] + = it. second * baseCnt;
        }
    }

    for(string it : onr)
    {
```

```cpp
    int baseCnt = 1;
    int i = 0;
    if( it[0] > = '1' && it[0] < = '9')
    {
        // num start
        i = 0;
        while( i + 1 < it. length( ) && it[ i + 1] > = '0' && it[ i + 1] < = '9')
        {
            i + + ;
        }
        baseCnt * = stoi( it. substr( 0, i + 1) );
    }
    auto temp = dfs( it. substr( i = = 0? 0 : i + 1) );
    for( auto it : temp)
    {
        chr[ it. first] + = it. second * baseCnt;
    }
}
int flag = 1;
for( auto it : chl)
{
    if( chr[ it. first]! = it. second)
    {
        flag = 0;
        break;
    }
}
for( auto it : chr)
{
    if( chl[ it. first]! = it. second)
    {
        flag = 0;
```

```
        break;
      }
    }
    if( flag)
    {
      cout << "Y\n";
    }
    else
    {
      cout << "N\n";
    }
  }
  return 0;
}
```

例 4.23　计算资源调度器(CSP 202203 - 3)

问题描述:

西西艾弗岛上兴建了一批数据中心,建设了云计算资源平台。小 C 是主管西西艾弗云开发的工程师。西西艾弗云中有大量的计算节点,每个计算节点都有唯一编号。

西西艾弗云分为多个可用区,每个计算节点位于一个特定的可用区。一个可用区中可以有多个计算节点。

西西艾弗云中运行的计算任务分为不同的应用,每个计算任务都有一个应用与之对应,一个应用中可能包括多个计算任务。

每个计算任务由一个特定的计算节点执行,下文中计算任务"运行在某可用区上",意即"运行在某可用区的计算节点上"。

不同的计算任务对运行的计算节点的要求不尽相同。有的计算任务需要在指定可用区上运行,有的计算任务要和其他应用的计算任务在同一个可用区上运行,还有的希望不要和某个应用的计算任务在同一个计算节点上运行。

对于一个计算任务,执行它的计算节点一旦选定便不再更改;在选定计算节点后,该任务对计算节点的要求就不再被考虑,即使新安排的计算任务使得此前已有的计算任务的要求被违反,也是合法的。

图 4.4 示意性地说明了可用区、计算节点、计算任务之间的关系,同时也说明了应用和计算任务的对应关系。

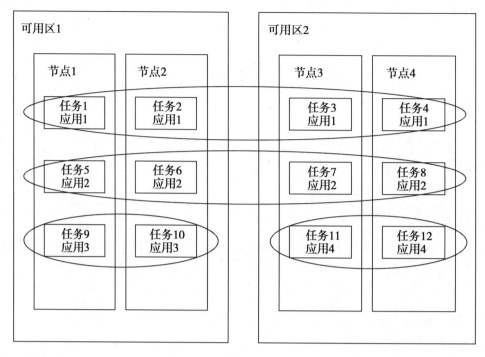

图 4.4

一开始,小 C 使用了电子表格程序来统计计算任务的分配情况。随着云上的计算节点和计算任务的不断增多,小 C 被这些奇怪的要求搞得焦头烂额,有的时候还弄错了安排,让客户很不满意。

小 C 找到你,希望你能为他提供一个程序,能够输入要运行的计算任务和对节点的要求,结合西西艾弗云的现有计算节点信息,计算出计算任务应该被安排在哪个计算节点上。

问题描述:

计算任务对计算节点的要求十分复杂而且又不好描述,你对小 C 表示写程序这件事很为难。于是,小 C 进行了调研,将这些需求进行了归纳整理,形成了下面这 3 种标准需求。在提出需求时,必须从这 3 种标准需求中选取若干种,每种需求只能有一条。选取多种需求意味着要同时满足这些需求。

计算节点亲和性:

计算任务必须在指定可用区上运行。

计算任务亲和性:

计算任务必须和指定应用的计算任务在同一可用区上运行。

该要求对计算任务可以运行的可用区添加了限制。不考虑该任务本身,一个可用区若运行有指定应用的任务,则满足要求。

计算任务反亲和性:

计算任务不能和指定应用的计算任务在同一个计算节点上运行。

该要求对计算任务可以运行的计算节点添加了限制。不考虑该任务本身，一个计算节点若运行有指定应用的任务，则不满足要求。

当要执行的计算任务多起来，计算任务反亲和性的要求可能很难满足。因此在添加计算任务反亲和性要求时，还要指定这个要求是"必须满足"还是"尽量满足"。

小 C 要求你按照如下方法来分配计算节点：按照计算任务的启动顺序，根据要求，依次为每个计算任务选择计算节点。一旦选择了一个计算节点，就固定下来不再变动，并且在此后的选择中，不再考虑这个计算任务的要求。对每个计算任务，选择计算节点的方法如下。

过滤阶段：

在这个阶段，先根据计算任务的要求，过滤出所有满足要求的计算节点。如果不存在这样的计算节点，并且指定了计算任务反亲和性要求，并且计算任务反亲和性要求是尽量满足的，那么去掉计算任务反亲和性要求，再过滤一次。如果还不存在，就认为该计算任务的要求无法满足，该计算任务无法分配。

排序阶段：

在这个阶段，将过滤后的计算节点按照这个方法排序：选择此时运行计算任务数量最少的计算节点；选择编号最小的计算节点。

输入格式：

输入的第一行包含两个由空格分隔的正整数 n 和 m，分别表示计算节点的数目和可用区的数目。计算节点从 1 到 n 编号，可用区从 1 到 m 编号。

输入的第二行包含 n 个由空格分隔的正整数 $l1,l2,\cdots,li,\cdots,ln$，表示编号为 i 的计算节点位于编号为 li 的可用区。其中，$0 < li \leqslant m$。

输入的第三行包含一个正整数 g，表示计算任务的组数。

接下来的 g 行，每行包含 6 个由空格分隔的整数 fi、ai、nai、pai、paai、paari，表示依次启动的一组计算任务的信息，其中：

fi：表示要接连启动 fi 个所属应用和要求相同的计算任务，其中 fi > 0。

ai：表示这 fi 个计算任务所属应用的编号，其中 $0 < ai \leqslant Amax$（Amax 代表最大应用编号）。

nai：表示计算节点亲和性要求，其中 $0 \leqslant nai \leqslant m$。当 nai = 0 时，表示没有计算节点亲和性要求；否则表示要运行在编号为 nai 的可用区内的计算节点上。

pai：表示计算任务亲和性要求，其中 $0 \leqslant pai \leqslant Amax$。当 pai = 0 时，表示没有计算任务亲和性要求；否则表示必须和编号为 pai 的应用的计算任务在同一个可用区运行。

paai：表示计算任务反亲和性要求，其中 $0 \leqslant paai \leqslant Amax$。当 paai = 0 时，表示没有计算

任务反亲和性要求;否则表示不能和编号为 paai 的应用的计算任务在同一个计算节点上运行。

paari:表示计算任务亲和性要求是必须满足还是尽量满足,当 paai = 0 时,paari 也一定为 0;否则 paari = 1 表示"必须满足",paari = 0 表示"尽量满足"。

计算任务按组输入实际上是一种简化的记法,启动一组(fi、ai、nai、pai、paai、paari)和连续启动 fi 组(1、ai、nai、pai、paai、paari)并无不同。

输出格式:

输出 g 行,每行有 fi 个整数,由空格分隔,分别表示每个计算任务被分配的计算节点的情况。若该计算任务没有被分配,则输出 0;否则输出被分配的计算节点的编号。

样例输入:

```
10 4
1 1 1 1 1 2 2 2 2 2
6
2 1 4 1 2 1
6 1 1 0 1 1
1 2 2 0 0 0
6 1 2 0 2 1
5 2 2 0 1 0
11 3 0 1 3 0
Data
```

样例输出:

```
0 0
1 2 3 4 5 0
6
7 8 9 10 7 8
6 6 6 6
1 2 3 4 5 9 10 7 8 6 1
Data
```

样例解释:

本输入中声明了 10 个计算节点,前 5 个位于可用区 1,后 5 个位于可用区 2。可用区 3 和 4 不包含任何计算节点。

对于第一组计算任务,由于它们声明了计算节点亲和性要求,但要求的可用区编号是 4,

该可用区不包含计算节点,因此都不能满足。

对于第二组计算任务,要在可用区 1 中启动 6 份应用 1 的任务,并且要求了计算任务反亲和性。因此,前 5 份任务分别被安排在前 5 个节点上。对于第 6 份任务,由于它必须运行于可用区 1,所以能够安排的范围仅限于前 5 个节点。但是它还指定了强制的计算任务反亲和性,前 5 个节点上已经启动了属于应用 1 的计算任务,因此没有能够运行它的节点。

对于第三组计算任务,要在可用区 2 中启动 1 份应用 2 的任务,直接将其分配给节点 6。

对于第四组计算任务,要在可用区 2 中启动 6 份应用 1 的任务,并且要求了计算任务反亲和性,不能和应用 2 的计算任务分配在同一个节点上。因此,节点 6 不能用于分配,这 6 份任务只能分配在节点 7 ~ 10 上。按照题意,选取运行任务数最少的和编号最小的,因此依次分配 7、8、9、10、7、8。

对于第 5 组计算任务,要在可用区 2 中启动 5 份应用 2 的任务,并且要求了尽量满足的计算任务反亲和性,不能和应用 1 的计算任务分配在同一个节点上。此时,可用区 2 中的节点 6 上没有应用 1 的计算任务,因此这 5 份计算任务都会被分配到这个节点上。

对于第 6 组计算任务,要启动 11 份应用 3 的任务,并且要求了尽量满足的计算任务反亲和性,不能和应用 3 的其他计算任务分配在同一个节点上,同时要求和应用 1 的计算任务位于同一个可用区。应用 1 位于两个可用区,因此全部 10 个节点都可以用于分配。对于前 10 份任务,按照题意,依次选取运行的任务数最少且编号最小的节点进行分配。对于第 11 份任务,由于所有的节点上都运行有应用 3 的任务,因此没有节点符合它的反亲和性要求。又因为反亲和性要求是尽量满足的,因此可以忽略这一要求,将它安排在节点 1 上。

分析:

解决本题需要熟练使用 STL,按照题意完成插入与查询即可。需要细心才可以完成本题。

代码:

```cpp
#include <bits/stdc++.h>
using namespace std;
string mat[] = {"NOT", "AND", "OR", "XOR", "NAND", "NOR"};
struct node {
    string typ;
    int inputnum;
    string input[10];
};
node pie[505];
int query[10005][505];
```

```cpp
int sigin[505];
int sigout[505];
bool sigine[505];
bool sigoute[505];
int uio = 0;
int main(){
    int q;
    scanf("%d", &q);
    while(q--){
        int in, num;
        scanf("%d %d", &in, &num);
        for(int i = 1; i <= num; i++){
            cin >> pie[i].typ >> pie[i].inputnum;
            for(int j = 1; j <= pie[i].inputnum; j++){
                cin >> pie[i].input[j];
            }
        }

        int s;
        scanf("%d", &s);
        for(int i = 1; i <= s; i++){
            for(int j = 1; j <= in; j++){
                scanf("%d", &query[i][j]);
            }
        }

        int ans[505];
        for(int i = 1; i <= s; i++){
            //查询是 query[i]
            for(int j = 1; j <= in; j++){
                sigin[j] = -1;
                sigine[j] = 0;
            }
            for(int j = 1; j <= num; j++){
```

```
      sigout[j] = -1;
      sigoute[j] = 0;
    }
    for(int j = 1; j <= in; j++){
      sigin[j] = query[i][j];
      sigine[j] = 1;
    }
    int cnt;
    scanf("%d", &cnt);
    for(int j = 1; j <= cnt; j++){
      scanf("%d", &ans[j]);
    }
    while(1){
      uio++;
      // cout << uio << endl;
      for(int j = 1; j <= num; j++){
        //零件为 pie[j];
        if(pie[j].typ == "NOT" && sigoute[j] == 0){
          int flag = 1;
          queue<int> rec;
          for(int r = 1; r <= pie[j].inputnum; r++){
            if(pie[j].input[r][0] == 'O'){
              string tp =
                pie[j].input[r].substr(1, pie[j].input[r].length() - 1);
              int fr = 0;
              int op = 1;
              for(int w = 0; w < tp.length(); w++){
                fr += (tp[tp.length() - 1 - w] - '0') * op;
                op *= 10;
              }
              if(sigoute[fr] == 1){
                rec.push(sigout[fr]);
```

```
        } else {
          flag = 0;
          break;
        }


      } else {
        string tp =
          pie[j].input[r].substr(1, pie[j].input[r].length() - 1);
        int fr = 0;
        int op = 1;
        for(int w = 0; w < tp.length(); w++){
          fr += (tp[tp.length() - 1 - w] - '0') * op;
          op *= 10;
        }
        if(sigine[fr] == 1){
          rec.push(sigin[fr]);
        } else {
          flag = 0;
          break;
        }
      }
    }
    if(flag == 1 && rec.size() >= 1){
      int ans = rec.front();
      rec.pop();
      sigout[j] = ((-1)^ ans);
      sigoute[j] = 1;
    }
  }
  if(pie[j].typ == "AND" && sigoute[j] == 0){
    int flag = 1;
    queue < int > rec;
```

```
for( int r = 1; r < = pie[ j ]. inputnum; r + + ) {
  if( pie[ j ]. input[ r ][ 0 ] = = 'O') {
    string tp =
        pie[ j ]. input[ r ]. substr( 1 , pie[ j ]. input[ r ]. length( ) - 1 );

    int fr = 0;
    int op = 1;
    for( int w = 0; w < tp. length( ); w + + ) {
      fr + = ( tp[ tp. length( ) - 1 - w ] - '0') * op;
      op * = 10;
    }
    if( sigoute[ fr ] = = 1 ) {
      rec. push( sigout[ fr ] );
    } else {
      flag = 0;
      break;
    }
  } else {
    string tp =
        pie[ j ]. input[ r ]. substr( 1 , pie[ j ]. input[ r ]. length( ) - 1 );

    int fr = 0;
    int op = 1;
    for( int w = 0; w < tp. length( ); w + + ) {
      fr + = ( tp[ tp. length( ) - 1 - w ] - '0') * op;
      op * = 10;
    }
    if( sigine[ fr ] = = 1 ) {
      rec. push( sigin[ fr ] );
    } else {
      flag = 0;
      break;
```

```
            }
          }
        }
      if( flag = = 1 && rec. size( ) > = 2) {
        int ans = rec. front( ) ;
        rec. pop( ) ;
        while( !  rec. empty( ) ) {
          int u = rec. front( ) ;
          // cout < < u < < endl;
          rec. pop( ) ;
          ans = ( ans & u) ;
        }
        sigout[ j] = ans;
        sigoute[ j] = 1;
      }
    }
  if( pie[ j]. typ = = "OR"  && sigoute[ j] = = 0) {
    int flag = 1;
    queue < int >  rec;
    for( int r = 1; r  < = pie[ j]. inputnum; r + + ) {
      if( pie[ j]. input[ r] [ 0] = = 'O') {
        string tp =
            pie[ j]. input[ r]. substr( 1, pie[ j]. input[ r]. length( ) - 1) ;
        int fr = 0;
        int op = 1;
        for( int w = 0; w  < tp. length( ) ; w + + ) {
          fr + = ( tp[ tp. length( ) - 1 - w] - '0') * op;
          op  * = 10;
        }
        if( sigoute[ fr] = = 1) {
          rec. push( sigout[ fr] ) ;
        } else {
```

```
            flag = 0;
            break;
        }
    } else {
        string tp =
            pie[j].input[r].substr(1, pie[j].input[r].length() - 1);
        int fr = 0;
        int op = 1;
        for(int w = 0; w < tp.length(); w++){
            fr += (tp[tp.length() - 1 - w] - '0') * op;
            op *= 10;
        }
        if(sigine[fr] == 1){
            rec.push(sigin[fr]);
        } else {
            flag = 0;
            break;
        }
    }
}
if(flag == 1 && rec.size() >= 2){
    int ans = rec.front();
    rec.pop();
    while(! rec.empty()){
        int u = rec.front();
        rec.pop();
        ans = (ans | u);
    }
    sigout[j] = ans;
    sigoute[j] = 1;
}
}
```

```
if( pie[ j ]. typ = = " XOR"  && sigoute[ j ] = =0 ) {
    int flag =1;
    queue < int >  rec;
    for( int r =1; r  < = pie[ j ]. inputnum; r + + ) {
        if( pie[ j ]. input[ r ][ 0 ] = = 'O' ) {
            string tp =
                pie[ j ]. input[ r ]. substr( 1, pie[ j ]. input[ r ]. length( ) - 1 );
            int fr =0;
            int op =1;
            for( int w =0; w  <  tp. length( ); w + + ) {
                fr + = ( tp[ tp. length( ) - 1 - w ] - 'O' ) * op;
                op * =10;
            }
            if( sigoute[ fr ] = =1 ) {
                rec. push( sigout[ fr ] );
            } else {
                flag =0;
                break;
            }
        } else {
            string tp =
                pie[ j ]. input[ r ]. substr( 1, pie[ j ]. input[ r ]. length( ) - 1 );
            int fr =0;
            int op =1;
            for( int w =0; w  <  tp. length( ); w + + ) {
                fr + = ( tp[ tp. length( ) - 1 - w ] - 'O' ) * op;
                op * =10;
            }
            if( sigine[ fr ] = =1 ) {
                rec. push( sigin[ fr ] );
            } else {
                flag =0;
```

```
                break;
            }
        }
    }
    if( flag = = 1 && rec. size( ) > = 2) {
        int ans = rec. front( ) ;
        rec. pop( ) ;
        while( ! rec. empty( ) ) {
            int u = rec. front( ) ;
            rec. pop( ) ;
            ans = ( ans ^ u) ;
        }
        sigout[ j] = ans;
        sigoute[ j] = 1 ;
    }
}
if( pie[ j]. typ = = "NAND" && sigoute[ j] = = 0) {
    int flag = 1 ;
    queue < int > rec;
    for( int r = 1 ; r < = pie[ j]. inputnum; r + + ) {
        if( pie[ j]. input[ r][ 0] = = 'O') {
            string tp =
                pie[ j]. input[ r]. substr( 1 , pie[ j]. input[ r]. length( ) - 1) ;
            int fr = 0 ;
            int op = 1 ;
            for( int w = 0 ; w < tp. length( ) ; w + + ) {
                fr + = ( tp[ tp. length( ) - 1 - w] - '0') * op;
                op * = 10 ;
            }
            if( sigoute[ fr] = = 1) {
                rec. push( sigout[ fr]) ;
            } else {
```

```
                    flag = 0;
                    break;
                  }
                } else {
                  string tp =
                      pie[j].input[r].substr(1, pie[j].input[r].length() - 1);
                  int fr = 0;
                  int op = 1;
                  for(int w = 0; w < tp.length(); w + +){
                    fr + = (tp[tp.length() - 1 - w] - '0') * op;
                    op * = 10;
                  }
                  if(sigine[fr] = = 1){
                    rec.push(sigin[fr]);
                  } else {
                    flag = 0;
                    break;
                  }
                }
              }
          if(flag = = 1 && rec.size() > = 2){
            int ans = rec.front();
            rec.pop();
            while(! rec.empty()){
              int u = rec.front();
              rec.pop();
              ans = (ans & u);
            }
            sigout[j] = ((-1)^ ans);
            sigoute[j] = 1;
          }
        }
```

```cpp
if( pie[ j ]. typ = = "NOR" && sigoute[ j ] = =0 ) {
    int flag = 1;
    queue < int > rec;
    for( int r = 1; r < = pie[ j ]. inputnum; r + + ) {
        if( pie[ j ]. input[ r ][ 0 ] = = 'O' ) {
            string tp =
                pie[ j ]. input[ r ]. substr( 1, pie[ j ]. input[ r ]. length( ) - 1 );
            int fr = 0;
            int op = 1;
            for( int w = 0; w < tp. length( ); w + + ) {
                fr + = ( tp[ tp. length( ) - 1 - w ] - '0' ) * op;
                op * = 10;
            }
            if( sigoute[ fr ] = = 1 ) {
                rec. push( sigout[ fr ] );
            } else {
                flag = 0;
                break;
            }
        } else {
            string tp =
                pie[ j ]. input[ r ]. substr( 1, pie[ j ]. input[ r ]. length( ) - 1 );
            int fr = 0;
            int op = 1;
            for( int w = 0; w < tp. length( ); w + + ) {
                fr + = ( tp[ tp. length( ) - 1 - w ] - '0' ) * op;
                op * = 10;
            }
            if( sigine[ fr ] = = 1 ) {
                rec. push( sigin[ fr ] );
            } else {
                flag = 0;
```

```
                break;
            }
        }
    }
    if( flag = = 1 && rec. size( ) > = 2) {
        int ans = 0;
        while( !  rec. empty( ) ) {
            int u = rec. front( ) ;
            rec. pop( ) ;
            ans = ( ans | u) ;
        }
        sigout[ j] = ( ( - 1)^ ans) ;
        sigoute[ j] = 1;
    }
}

int canout = 1;
for( int j = 1; j < = cnt; j + + ) {
    if( sigoute[ ans[ j] ] = = 0) {
        canout = 0;
        break;
    }
}
if( canout) {
    for( int j = 1; j < = cnt; j + + ) {
        printf( " % d " , sigout[ ans[ j] ] ) ;
    }
    printf( " \n" ) ;
    break;
}
}
}
```

```
    return 0;
}
```

4.3　作　　业

1. CSP 202206 – 3 角色授权（http://118.190.20.162/view.page？gpid = T146）

2. CSP 202112 – 2 序列查询新解（http://118.190.20.162/view.page？gpid = T137）

3. CSP 202109 – 3 脉冲神经网络（http://118.190.20.162/view.page？gpid = T131）

4. CSP 202104 – 3 DHCP 服务器（http://118.190.20.162/view.page？gpid = T126）

第5章　排序算法

本章要点:介绍 CSP 中的排序算法。

5.1 主要介绍快速排序的基本方法。

5.2 主要介绍结构体排序的基本方法。

5.2 主要介绍桶排序的基本方法。

5.4 例题精选。

5.1　快速排序

快速排序在 C + + 有函数 sort 可以实现,sort 是 C + + 自带的函数,复杂度为 n * log(n)。

sort 函数包含在头文件#include < algorithm > 的 C + + 标准库中。

sort 函数有 3 个参数:

(1)第一个是要排序的数组的起始地址。

(2)第二个是结束的地址。

(3)第三个参数是排序的方法,可以是从大到小也可是从小到大,还可以不写第三个参数,此时默认的排序方法是从小到大排序。

5.2　结构体排序

定义一个结构体:

typedef struct stu

{　int xuehao;

　　int chengji;

}stu;

stu p[20];

如果要按成绩排序,可以写成 sort(p,p + 20,cmp1)

比如我们要按成绩排序从高到低:

```
bool cmp1(stu a,stu b)
{
    return a.chengji > b.chengji;
}
```

刚才的 int 数组从小到大排序,我们还可以写成:

```
bool cmp2(int a,int b)
{   return a < b;
}
```

还有一种情况:

```
struct node
{   int x,y;
}a[10];
```

如果要求 a 数组按 x 值从小到大排序,若 x 相等,按 y 从小到大排。

我们写成:

```
bool cmp3(node a,node b)
{   if(a.x = = b.x)
        return a.y < b.y;
            else return a.x < b.x;

}
```

5.3 桶 排 序

桶排序,是一种计数排序,就是把要排序的数据放到桶里(图5.1),使用桶排序需要设置桶的数量(即排序的范围),把数据放到与之匹配的桶里,改变记录桶有多少个数据的变量(一定要在装数据之前初始化),输出时要遍历所有桶,选数据不为 0 的数据输出,按编号输出即可。

举个例子:小明班上 5 个同学,他们期末考试的成绩分别是 5 分,3 分,5 分,2 分,8 分(满分 10 分),他们分数的取值是 0~10 分,我们可以定义一个一维数组 a[11],刚开始我们把这个数组里的所有元素初始化为0,表示这些分数还没有人得过,比如 a[0] = 0,即还没有人获得 0 分。

0 1 2 3 4 5 6 7 8 9 10

0 0 0 0 0 0 0 0 0 0 0

第一个人5分,则把a[5]的值改为1,意思是5分出现过一次。

0 1 2 3 4 5 6 7 8 9 10

0 0 0 0 0 1 0 0 0 0 0

第二个人是3分,我们把a[3]的值改成1,意思是3分出现过1次。

0 1 2 3 4 5 6 7 8 9 10

0 0 0 1 0 1 0 0 0 0 0

依此类推……

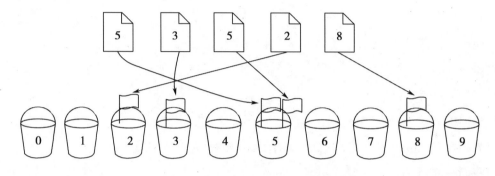

图5.1

5.4 排序算法的应用

例5.1 没必要的排序2(nefu oj P1650) 羽裳有 n 个数,她想知道前 k 大的数的和是多少。

输入:

输入 n,k 代表有 n 个数,求前 k 大的和,之后输入 n 个数,第 i 个数为 a[i]。

$1 <= n <= 10000000(1e7)$

$1 <= k < 1000$

对任意的 i

$1 <= a[i] <= 100000(1e5)$

输出:

输出一个数 ans,ans 是前 k 大数的和。

输入样例:

2 1

99999 1

输出样例:

99999

分析：

计数排序问题，问题规模不超过 1e7 可以使用。

代码：

```cpp
#include <bits/stdc++.h>
using namespace std;
int x[10000100] = {0};
int main()
{
    int n,k;
    cin>>n>>k;
    int y[100100] = {0},res = 0,num = 0;
    for(int i = 1; i<=n; i++)
    {
        cin>>x[i];
        y[x[i]]++;//将数存入对应的下标实现桶排序
    }
    for(int i = 1e5; i>=1; i--)
    {
        if(y[i]>0)
        {
            res = res+y[i]*i;
            num = num+y[i];
        }
        if(num>=k)
        {
            res = res-(num-k)*i;
            break;
        }
    }
    cout<<res;
    return 0;
```

```
}
```

例 5.2　奖学金(nefu oj P554)　老师要将班级中所有学生的期末考试成绩按降序排列来发奖学金。这个任务理所当然地落在了你身上。

输入:

主要考试科目有 C 语言、线性代数、高等数学和英语 4 个科目,输入的第一行是学生的人数 $N(N <= 100)$,第二行至第 $N+1$ 行分别为 C 语言 $a[i]$,线性代数 $b[i]$,高等数学 $c[i]$ 和英语的成绩 $d[i](0 <= a[i], b[i], c[i], d[i] <= 100)$。

输出:

现需要你将学生们的成绩以总成绩降序排列,输出数据的每行有两个数字,第一个数字为学生的编号(输入时的第一个学生成绩即为学生 1,第二个为学生 2),第二个数字为学生的总成绩(如果总成绩相同,则按 C 语言的成绩排列,如再相同,则按线性代数输出编号,依此类推。)

输入样例:

```
5
98  50  27  65
58  52  24  16
98  96  90  89
31  65  98  78
65  67  66  90
```

输出样例:

```
3  373
5  288
4  272
1  240
2  150
```

分析:

典型的结构体排序问题,注意 cmp 函数的写法。

代码:

```cpp
#include <bits/stdc++.h>
using namespace std;
struct sa
{
```

```
        int c,d,g;

        int y,h,b;

} x[110];

//cmp 函数的写法

int cmp(const sa &a,const sa &b)//const 是常量的意思不加可能会错误

{

    if(a.h! = b.h)

        return a.h > b.h;//返回降序,改成 < 可返回升序

    else if(a.c! = b.c)

        return a.c > b.c;

    else if(a.d! = b.d)

        return a.d > b.d;

    else if(a.g! = b.g)

        return a.g > b.g;

    else if(a.y! = b.y)

        return a.y > b.y;

}

int main()

{

    int n;

    while(scanf("%d",&n)! = EOF)

    {

        for(int i = 0; i < n; i + +)

        {

            cin > > x[i].c > > x[i].d > > x[i].g > > x[i].y;

            x[i].h = x[i].c + x[i].d + x[i].g + x[i].y;

            x[i].b = i + 1;

        }

        sort(x,x + n,cmp);

        for(int i = 0; i < n; i + +)

            printf("%d %d\n",x[i].b,x[i].h);

    }
```

```
    return 0;
}
```

例 5.3 货舱选址（NC50937） 在一条数轴上有 N 家商店，它们的坐标分别为 $A_1 \sim A_N$，现在需要在数轴上建立一家货仓，每天清晨，从货仓到每家商店都要运送一车商品。

为了提高效率，求把货仓建在何处，可以使得货仓到每家商店的距离之和最小。

输入：

第一行输入整数 N。

第二行 N 个整数 $A_1 \sim A_N$。

输出：

输出一个整数，表示距离之和的最小值。

输入样例：

4

6 2 9 1

输出样例：

12

分析：

对于这道题目有结论：

先对这个数组进行排序：

（1）当 n 是奇数的时候，选择中间点。

（2）当 n 是偶数的时候，选择中间两个点之间的任何一点均可。

对于这个结论的证明是利用绝对值不等式

$$|x - a| + |x - b| >= |a - b|$$

利用每次去首位一组点用上式，就可以得到上述结论，有了结论之后写代码就很简单了。

代码：

```cpp
#include <bits/stdc++.h>
using namespace std;
const int N = 1e5 + 10;
int n;
int a[N];
int main()
{
```

```
cin>>n;
for(int i=0;i<n;i++)cin>>a[i];
sort(a,a+n);
int res=0;
for(int i=0;i<n;i++)res=res+abs(a[i]-a[n/2]);
cout<<res<<endl;
return 0;
}
```

例 5.4　明明的随机数(洛谷 P1059)　明明想在学校中请一些同学一起做一项问卷调查,为了实验的客观性,他先用计算机生成了 N 个 1 到 1000 之间的随机整数(N≤100),对于其中重复的数字,只保留一个,把其余相同的数去掉,不同的数对应着不同的学生的学号。然后再把这些数从小到大排序,按照排好的顺序去找同学做调查。请你协助明明完成"去重"与"排序"的工作。

输入:

输入有两行,第 1 行为 1 个正整数,表示所生成的随机数的个数 N。

第 2 行有 N 个用空格隔开的正整数,为所产生的随机数。

输出:

输出也是两行,第 1 行为 1 个正整数 M,表示不相同的随机数的个数。

第 2 行为 M 个用空格隔开的正整数,为从小到大排好序的不相同的随机数。

输入样例:

10

20 40 32 67 40 20 89 300 400 15

输出样例:

8

15 20 32 40 67 89 300 400

分析:

本题数据仅限于 1 000 以内的正整数,规模小,适合用桶排序

代码:

```
#include <bits/stdc++.h>
using namespace std;
int x[1200]={0};
int main()
```

```
{
    int n, num, res = 0;
    cin >> n;
    for(int i = 0; i < n; i++)
    {
        cin >> num;
        if(x[num] == 0)
        {
            x[num] = 1;
            res++;
        }
    }
    cout << res << endl;
    for(int i = 0; i < 1200; i++)
    {
        if(x[i] == 1)
            cout << i << " ";
    }
    return 0;
}
```

例 5.5 分数线划定（洛谷 P1068）　世博会志愿者的选拔工作正在 A 市如火如荼地进行。为了选拔最合适的人才，A 市对所有报名的选手进行了笔试，笔试分数达到面试分数线的选手方可进入面试。面试分数线根据计划录取人数的 150% 划定，即如果计划录取 m 名志愿者，则面试分数线为排名第 m×150%（向下取整）名的选手的分数，而最终进入面试的选手为笔试成绩不低于面试分数线的所有选手。

现在就请你编写程序划定面试分数线，并输出所有进入面试的选手的报名号和笔试成绩。

输入：

第一行，两个整数 n, m（5≤n≤5 000, 3≤m≤n），中间用一个空格隔开，其中 n 表示报名参加笔试的选手总数，m 表示计划录取的志愿者人数。输入数据保证 m×150% 向下取整后小于等于 n。

第二行到第 $n+1$ 行,每行包括两个整数,中间用一个空格隔开,分别是选手的报名号 k ($1000 \leqslant k \leqslant 9999$)和该选手的笔试成绩($1 \leqslant s \leqslant 100$)。数据保证选手的报名号各不相同。

输出:

第一行,有 2 个整数,用一个空格隔开,第一个整数表示面试分数线;第二个整数为进入面试的选手的实际人数。

从第二行开始,每行包含 2 个整数,中间用一个空格隔开,分别表示进入面试的选手的报名号和笔试成绩,按照笔试成绩从高到低输出,如果成绩相同,则按报名号由小到大的顺序输出。

输入样例:

6　3

1000　90

3239　88

2390　95

7231　84

1005　95

1001　88

输出样例:

88　5

1005　95

2390　95

1000　90

1001　88

3239　88

分析:

结构体排序典型题目。

代码:

```
#include <bits/stdc++.h>
using namespace std;
struct cj
{
    int k;
    int s;
```

```
} x[10000];
int cmp(const cj &a, const cj &b)
{
    if(a.s! = b.s)
        return a.s > b.s;
    else
        return a.k < b.k;
}
int main()
{
    int m, n;
    cin > > n > > m;
    int j, res = 0;
    for(int i = 0; i < n; i + +)
        cin > > x[i].k > > x[i].s;
    m = m * 1.5;
    sort(x, x + n, cmp);
    j = x[m - 1].s;
    for(int i = 0; i < n; i + +)
    {
        if(x[i].s > = j)
            res + +;
    }
    cout < < j < < " " < < res < < endl;
    for(int i = 0; i < res; i + +)
    {
        cout < < x[i].k < < " " < < x[i].s < < endl;
    }
    return 0;
}
```

例 5.6 宇宙总统(洛谷 P1781) 地球历公元 6036 年,全宇宙准备竞选一个最贤能的人当总统,共有 n 个非凡拔尖的人竞选总统,现在票数已经统计完毕,请你算出谁能够当上总统。

输入：

第一行为一个整数 n,代表竞选总统的人数。

接下来有 n 行,分别为第一个候选人到第 n 个候选人的票数。

输出：

共两行,第一行是一个整数 m,为当上总统的人的号数。

第二行是当上总统的人的选票。

输入样例：

5

98765

12365

87954

1022356

985678

输出样例：

4

1022356

分析：

在结构体中应用字符串比大小的方法,字符串可以逐位比大小。

代码：

```cpp
#include <bits/stdc++.h>
using namespace std;
struct cj
{
    string ps;
    int id;
    int ws;
} x[25];
int cmp(const cj &a, const cj &b)
{
    if(a.ws! = b.ws)
        return a.ws > b.ws;
```

```
    else
        return a. ps > b. ps;//字符串可以逐位比大小
}
int main( )
{
    int n;
    cin > > n;
    for( int i = 0; i < n; i + + )
    {
        cin > > x[ i]. ps;
        x[ i]. id = i + 1;
        x[ i]. ws = x[ i]. ps. size( );//统计票数的位数
    }
    sort( x, x + n, cmp) ;
    cout < < x[ 0]. id < < endl < < x[ 0]. ps;
    return 0;
}
```

例 5.7 谁拿了最多的奖学金(洛谷 P1051) 某校的惯例是在每学期的期末考试之后发放奖学金。发放的奖学金共有 5 种,获取的条件各自不同:

院士奖学金,每人 8000 元,期末平均成绩高于 80 分(>80),并且在本学期内发表 1 篇或 1 篇以上论文的学生均可获得。

五四奖学金,每人 4000 元,期末平均成绩高于 85 分(>85),并且班级评议成绩高于 80 分(>80)的学生均可获得。

成绩优秀奖,每人 2000 元,期末平均成绩高于 90 分(>90)的学生均可获得。

西部奖学金,每人 1000 元,期末平均成绩高于 85 分(>85)的西部省份学生均可获得。

班级贡献奖,每人 850 元,班级评议成绩高于 80 分(>80)的学生干部均可获得。

只要符合条件就可以得奖,每项奖学金的获奖人数没有限制,每名学生也可以同时获得多项奖学金。例如姚林的期末平均成绩是 87 分,班级评议成绩 82 分,同时他还是一位学生干部,那么他可以同时获得五四奖学金和班级贡献奖,奖金总数是 4850 元。

现在给出若干学生的相关数据,请计算哪些同学获得的奖金总数最高(假设总有同学能满足获得奖学金的条件)。

输入:

第一行是 1 个整数 N,表示学生的总数。

接下来的 N 行每行是一位学生的数据,从左向右依次是姓名,期末平均成绩,班级评议成绩,是否是学生干部,是否是西部省份学生,以及发表的论文数。姓名是由大小写英文字母组成的长度不超过 20 的字符串(不含空格);期末平均成绩和班级评议成绩都是 0 到 100 之间的整数(包括 0 和 100);是否是学生干部和是否是西部省份学生分别用 1 个字符表示,Y 表示是,N 表示不是;发表的论文数是 0 到 10 的整数(包括 0 和 10)。每两个相邻数据项之间用一个空格分隔。

输出:

共 3 行。

第 1 行是获得最多奖金的学生的姓名。

第 2 行是这名学生获得的奖金总数。如果有两位或两位以上的学生获得的奖金最多,输出他们之中在输入文件中出现最早的学生的姓名。

第 3 行是这 N 个学生获得的奖学金的总数。

输入样例:

4

YaoLin 87 82 Y N 0

ChenRuiyi 88 78 N Y 1

LiXin 92 88 N N 0

ZhangQin 83 87 Y N 1

输出样例:

ChenRuiyi

9000

28700

分析:

先处理一遍所有学生获得奖学金的数量,然后排序即可。

代码:

```cpp
#include <bits/stdc++.h>
using namespace std;
struct stu
{
    string name;
    int qm,bj,lw;
```

```
    char gb,xb;

    int id;

    int mon =0;

} x[120];

int cmp(const stu &a,const stu &b)

{

  if(a. mon!  = b. mon)

    return a. mon > b. mon;

  else

    return a. id < b. id;

}

int main()

{

  int n;

  cin > >n;

  for(int i =0;i < n;i + +)

  {

    cin > >x[i]. name > >x[i]. qm > >x[i]. bj > >x[i]. gb > >x[i]. xb > >x[i].
lw;

    x[i]. id =i;

  }

  for(int i =0;i < n;i + +)

  {

    if(x[i]. qm > 80&&x[i]. lw > =1)

      x[i]. mon =x[i]. mon +8000;

    if(x[i]. qm > 85&&x[i]. bj > 80)

      x[i]. mon =x[i]. mon +4000;

    if(x[i]. qm > 90)

      x[i]. mon =x[i]. mon +2000;

    if(x[i]. qm > 85&&x[i]. xb = = 'Y')

      x[i]. mon =x[i]. mon +1000;

    if(x[i]. bj > 80&&x[i]. gb = = 'Y')
```

```
        x[i].mon = x[i].mon + 850;
    }
    sort(x, x + n, cmp);
    int res = 0;
    for(int i = 0; i < n; i + +)
        res = res + x[i].mon;
    cout < < x[0].name < < endl < < x[0].mon < < endl < < res;
    return 0;
}
```

例 5.8　魔法照片(洛谷 P1583)　一共有 n(以 $1 \sim n$ 编号)个人向佳佳要照片,而佳佳只能把照片给其中的 k 个人。佳佳按照与他们的关系好坏的程度给每个人赋予了一个初始权值 Wi。然后将初始权值从大到小进行排序,每人就有了一个序号 Di(取值同样是 $1 \sim n$)。按照这个序号对 10 模的值将这些人分为 10 类。也就是说定义每个人的类别序号 Ci 的值为 $(D_i - 1) \bmod 10 + 1$,显然类别序号的取值为 $1 \sim 10$。第 i 类的人将会额外得到 Ei 的权值。你需要做的就是求出加上额外权值以后,最终的权值最大的 k 个人,并输出他们的编号。在排序中,如果两人的 Ei 相同,编号小的优先。

输入:

第一行输入用空格隔开的两个整数,分别是 n 和 k。

第二行给出了 10 个正整数,分别是 $E_1 \sim E_{10}$。

第三行给出了 n 个正整数,第 i 个数表示编号为 i 的人的权值 Wi。

输出:

只需输出一行用空格隔开的 k 个整数,分别表示最终的 Wi? 从高到低的人的编号。

输入样例:

10 10

1 2 3 4 5 6 7 8 9 10

2 4 6 8 10 12 14 16 18 20

输出样例:

10 9 8 7 6 5 4 3 2 1

分析:

题目有点绕,输入时要自带一个序号,排序后要二次编号。

代码:

```
#include < bits/stdc + +.h >
```

```
using namespace std;
struct qz
{
    int w;
    int d,c;
    int l;
} x[20200];
int cmp(const qz &a,const qz &b)//cmp 函数写一个即可
{
    if(a.w! =b.w)
        return a.w>b.w;
    else
        return a.d<b.d;
}
int main()
{
    int n,k;
    cin>>n>>k;
    int e[15];
    for(int i=0; i<10; i++)
        cin>>e[i];
    for(int i=0; i<n; i++)
    {
        x[i].d=i+1;//题目有点绕,输入时自带序号
        cin>>x[i].w;
    }
    sort(x,x+n,cmp);
    /*for(int i=0; i<n; i++)
        cout<<x[i].w<<" ";
    cout<<endl;*/
    for(int i=0; i<n; i++)
    {
```

```
        x[i].l = i+1;//额外成绩分组按照排序后的序号来
        x[i].c = (x[i].l-1)%10+1;
        x[i].w = x[i].w+e[x[i].c-1];
        //cout<<x[i].d<<" "<<x[i].c<<" "<<x[i].w<<endl;
    }
    sort(x,x+n,cmp);
    for(int i=0; i<k; i++)
        cout<<x[i].d<<" ";
    return 0;
}
```

5.5　作　　业

1. 谁考了第 k 名 - 排序(nefu oj P1481. http://acm. nefu. edu. cn/problemShow. php? problem_id = 1481)

2. 奇数单增序列(nefu oj P1482. http://acm. nefu. edu. cn/problemShow. php? problem_id = 1482)

3. 成绩排序(nefu oj P837. http://acm. nefu. edu. cn/problemShow. php? problem_id = 837)

4. 健忘的老和尚(nefu oj P556. http://acm. nefu. edu. cn/problemShow. php? problem_id = 556)

5. 戏说三国 - string(nefu oj P2131. http://acm. nefu. edu. cn/problemShow. php? problem_id = 873)

6. 相约摩洛哥(nefu oj P874. http://acm. nefu. edu. cn/problemShow. php? problem_id = 874)

7. 选举学生会(洛谷 P1271. https://www. luogu. com. cn/problem/P1271)

8. 求第 k 小的数(洛谷 P835. https://www. luogu. com. cn/problem/P1923)

第6章　字符串

本章要点:介绍 CSP 中的字符串基本处理。

6.1 主要介绍字符串处理基本方法。

6.2 主要介绍字符串处理方法及其应用。

6.1　字符串处理基本方法

6.1.1　概　　述

字符串或串(string)是由数字、字母、下划线组成的一串字符。一般记为 s = "$a_1a_2\cdots a_n$" (n > =0)。在程序设计中,字符串为符号或数值的一个连续序列。字符串在存储上类似字符数组,它每一位单个元素都是能提取的。

通常以串的整体作为操作对象,如:在串中查找某个子串,求取一个子串,在串的某个位置上插入一个子串以及删除一个子串等。

两个字符串相等的充要条件是:长度相等,并且各个对应位置上的字符都相等。设 p、q 是两个串,求 q 在 p 中首次出现的位置的运算叫作模式匹配。串的两种最基本的存储方式是顺序存储方式和链接存储方式。在竞赛中通常使用顺序方式存储。

6.1.2　C + +中字符串处理的基本方法

在 C + +中有 String 类用于存储字符串,并定义了许多实用的字符串处理方法。

1. length( )和 size( )

length( )用来返回 string 的长度(字符个数),时间复杂度为 O(1)。size( )与 length( )一样。

2. clear( )

clear( )用来清空 string 中的所有元素,时间复杂度为 O(1)。

3. substr( )

substr(pos,len)返回从 pos 号位置开始、长度为 len 的子串,时间复杂度为 O(n)。

4. insert( )

函数 insert( )有多种写法,时间复杂度都是 O(n)。insert(pos,string)表示在 pos 号位置插入字符串 string。insert(it,it2,it3),it 为原字符串的欲插入位置,it2 和 it3 为待插入字符串的首尾迭代器(左闭右开区间)。

5. erase( )

erase( )可以删除单个元素,也可以删除一个区间内的所有元素,时间复杂度均为 O(n)。删除单个元素用 erase(it),it 为要删除的元素的迭代器。删除一个区间内的所有元素可以用两种方法。erase(first,last),first 为区间的起始迭代器,last 为区间的末尾迭代器的下一个地址,也就是左闭右开的区间[first,last) erase(pos,length),pos 为需要删除的字符串起始位置,length 为要删除的字符个数。

6. find( )

str.find(str2),当 str2 是 str 的子串时,返回其在 str 中第一次出现的位置;否则返回 string∷npos。string∷npos 是一个常数,其本身的值等于 -1,但由于是 unsigned int 类型,因此,也可以认为是 unsigned int 类型的最大值(4294967295)。str.find(str2,pos),是从 str 的 pos 号位开始匹配 str2,返回值同 str.find(str2)。以上两种写法的时间复杂度都是 O(n * m),其中 n 和 m 分别为 str 和 str2 的长度。

7. replace( )

str.replace(pos,len,str2)表示把 str 从 pos 号位开始、长度为 len 的子串替换为 str2。也可以写成 str.replace(it1,it2,str2),表示把 str 的迭代器 it1 ~ it2 范围内(左闭右开区间)的子串替换为 str2。时间复杂度都是 O(str.length)。

6.2　字符串处理方法及其应用

例 6.1 字符串合并(nefu oj 31)　将给定的字符串合并成一个串!

输入:

输入数据有很多行,每行 2 个字符串。

输出:

将每行的 2 个字符串合并成 1 个字符串。

输入样例:

sun fan

chen yu

输出样例:

sunfan

chenyu

分析：

C++中使用 string 类存储的串可以直接相加。

代码：

```
#include <bits/stdc++.h>
using namespace std;
int main()
{
    string a,b;
    while(cin>>a>>b)
    cout<<a+b<<endl;
    return 0;
}
```

例 6.2 字符串去星(nefu oj P903) 有一个字符串(长度小于 100)，要统计其中有多少个 *，并输出该字符串去掉 * 后的新字符串。

输入：

输入数据有多组，每组 1 个连续的字符串。

输出：

在 1 行内输出该串内有多少个 * 和去掉 * 后的新串。

输入样例：

Goodggod223 * * df2 * w

Qqqq *

输出样例：

3 Goodggod223df2w

1 Qqqq

分析：

使用 string 类中定义的 erase 方法。

erase(i,1)：表示从第 i 个位置(初始位置为 0)删除字符串 a 的 1 个字符，也就是删除第 i 个字符。

第一个参数表示开始删除字符的位置(这个位置的字符也删除)，第二个参数表示要删除的长度。

注意删除之后还要 $i-1$ 回到删除之前的原来的位置。

代码：

```
#include <bits/stdc++.h>
using namespace std;
int main()
{
    string a;
    while(cin>>a)
    {
        int cnt=0;
        for(int i=0;i<a.length();i++)
            if(a[i]=='*'){cnt++;a.erase(i,1);i--;}
        printf("%d %s\n",cnt,a.c_str());
    }
    return 0;
}
```

例 6.3　亲朋字符串（nefu oj P1628）　编写程序，求给定字符串 s 的亲朋字符串 s1。

亲朋字符串 s1 定义如下：给定字符串 s 的第一个字符的 ASCII 值加第二个字符的 ASCII 值，得到第一个亲朋字符。

给定字符串 s 的第二个字符的 ASCII 值加第三个字符的 ASCII 值，得到第二个亲朋字符；依此类推，直到给定字符串 s 的倒数第二个字符。亲朋字符串的最后一个字符由给定字符串 s 的最后一个字符 ASCII 值加 s 的第一个字符的 ASCII 值。

输入：

多组输入，每次输入一个长度大于等于 2，小于等于 100 的字符串。字符串中每个字符的 ASCII 值不大于 63。输入以.结束。

输出：

输出一行，为变换后的亲朋字符串。输入保证变换后的字符串只有一行。

输入样例：

1234

.

输出样例：

cege

分析：

模拟题中所述即可，注意输入的结束标志。

代码：

```cpp
#include <bits/stdc++.h>
using namespace std;
int main()
{
    int l,i;
    string a,b;
    while(getline(cin,a)&&a!=".")
    {
        l = a.length();
        for(i=0;i<=l-1;i++)
        b[i] = a[i] + a[(i+1)%l];
        for(i=0;i<=l-1;i++)
        printf("%c",b[i]);
        printf("\n");
    }
    return 0;
}
```

例 6.4 strange string(nefu oj P1019) 在 Vivid 的学校里，有一个奇怪的班级(SC)。在 SC 里，这些学生的名字非常奇怪。他们的名字形式是这样的 a^n b^n c^n(a,b,c 两两不相同。)例如，叫"abc"，"ddppqq"的学生是在 SC 里的，然而叫"aaa"，"ab"，"ddppqqq"的同学并不是在 SC 里的。

Vivid 交了许多的朋友，他想知道他们之中哪些人是在 SC 里的。

输入：

多组测试数据(大概 10 组)，每一个数据在一行中给出一个字符串 S，代表 Vivid 一个朋友的名字。

请处理到文件末尾。

[参数约定]

1≤|S|≤10.

|S|是指 S 的长度.

S 只包含小写字母.

输出：

对于每一个数据,如果 Vivid 的朋友是 SC 里的,那么输出 YES,否则输出 NO。

输入样例：

abc

bc

输出样例：

YES

NO

分析：

模拟题中对 SC 班级同学名字的特点即可。

代码：

```cpp
#include <bits/stdc++.h>
using namespace std;
char s[12];
int cnt,ans[4],vis[130];//vis 数组开大一点,至少大于128(ASCII 码最大是128)
int main()
{
    while(cin>>s+1)
    {
        memset(vis,0,sizeof(vis));
        s[0]=s[1];
        memset(ans,0,sizeof(ans));
        cnt=0;
        int n=strlen(s+1);
        for(int i=1;i<=n+1;i++)
        {
            vis[s[i]]++;
            if(s[i]!=s[i-1])
                ans[++cnt]=vis[s[i-1]];
        }
        if(cnt!=3||(ans[2]!=ans[1]||ans[3]!=ans[1]||ans[1]!=ans[3]))
```

```
        printf("NO\n");
        else printf("YES\n");
    }
    return 0;
}
```

例 6.5　字符串 KMP(acwing P831)　给定一个字符串 S,以及一个模式串 P,所有字符串中只包含大小写英文字母以及阿拉伯数字。

模式串 P 在字符串 S 中多次作为子串出现。

求出模式串 P 在字符串 S 中所有出现的位置的起始下标。

输入:

第一行输入整数 N,表示字符串 P 的长度。

第二行输入字符串 P。

第三行输入整数 M,表示字符串 S 的长度。

第四行输入字符串 S。

$1 \leqslant N \leqslant 10^5$

$1 \leqslant M \leqslant 10^6$

输出:

共一行,输出所有出现位置的起始下标(下标从 00 开始计数),整数之间用空格隔开。

输入样例:

3

aba

5

ababa

输出样例:

0 2

分析:

简化字符串匹配的暴力解法。

通过求解 ne 数组,找到每一个字符之前的串中前缀 = = 后缀的最大长度。

每次 j 指针向右一定 ne[j]位即可。

省去不必要的循环。

代码:

```
#include <bits/stdc++.h>
```

```cpp
using namespace std;
const int N = 1e5 + 10, M = 1e6 + 10;
char p[N], s[M];
int ne[N];
int main()
{
    int n, m;
    cin >> n >> p + 1 >> m >> s + 1;
    //求匹配串的 ne 数组,及在 j 位置之前前缀 = = 后缀的长度最大值
    for(int i = 2, j = 0; i <= n; i + +)
    {
        while(j && p[i]! = p[j + 1])
            j = ne[j];
        if(p[i] = = p[j + 1])
            j + +;
        ne[i] = j;
    }
    //kmp 匹配过程,匹配串与模板串相互匹配
    for(int i = 1, j = 0; i <= m; i + +)
    {
        while(j && s[i]! = p[j + 1])
            j = ne[j];
        if(s[i] = = p[j + 1])
            j + +;
        if(j = = n)
        {
            printf("%d ", i - n);
            j = ne[j];
        }
    }
    return 0;
}
```

例6.6 Trie字符串统计(acwing P835) 维护一个字符串集合,支持两种操作:

(1)I x 向集合中插入一个字符串 x。

(2)Q x 询问一个字符串在集合中出现了多少次。

共有 N 个操作,输入的字符串总长度不超过 105,字符串仅包含小写英文字母。

输入:

第一行包含整数 N,表示操作数。

接下来 N 行,每行包含一个操作指令,指令为 I x 或 Q x 中的一种。

输出:

对于每个询问指令 Q x,都要输出一个整数作为结果,表示 x 在集合中出现的次数。

每个结果占一行。

输入样例:

5

I abc

Q abc

Q ab

I ab

Q ab

输出样例:

1

0

1

分析:

Trie 树,是一种树形结构,是一种哈希树的变种。典型应用是用于统计,排序和保存大量的字符串(但不仅限于字符串),所以经常被搜索引擎系统用于文本词频统计。它的优点是:利用字符串的公共前缀来减少查询时间,最大限度地减少无谓的字符串比较,查询效率比哈希树高。

基本性质:

(1)根节点不保存字符。

(2)从根到该节点过程中所经过的字符串为词典中字符串的唯一前缀。

(3)实现快速查找,时间复杂度为 O(n)。

代码:

```
#include <bits/stdc++.h>
```

```cpp
using namespace std;
const int N = 1e5 + 10;
int son[N][26], cnt[N], idx;
//son 数组[N]这一维表示节点,[26]这一维表示这个节点的儿子
//cnt 数字表示以当前这个点为结尾的单词有多少个
//idx 表示当前用到了多少个节点
//下标是 0 的点,既是根节点,又是空节点,如果一个点没有子节点,也会令其指向 0
char str[N];
void insert(char str[])
{
    int p = 0;        //从根节点开始
    for(int i = 0; str[i]; i++)//遍历整个字符串
    {
        int u = str[i] - 'a'; //将字母的编号算出
        if(!son[p][u])      //如果当前没有这个节点,就创建出这个节点
            son[p][u] = ++idx;
        p = son[p][u]; //指针走向当前节点
    }
    cnt[p]++; //遍历完整个字符串,以当前节点为结尾的单词数量++
}
int search(char str[])
{
    int p = 0;
    for(int i = 0; str[i]; i++)
    {
        int u = str[i] - 'a';
        if(!son[p][u])//若不存在这个节点,则直接返回0,表示没有这个字符串
            return 0;
        p = son[p][u];
    }
    return cnt[p]; //遍历完字符串,返回以当前节点为结尾单词的数量
}
```

```
int main( )
{
    int n;
    cin > > n;
    while( n - - )
    {
        char q;
        cin > > q > > str;
        if( q = = 'I')
            insert( str);
        else
            cout < < search( str) < < endl;
    }
    return 0;
}
```

例 6.7 字符串哈希(acwing P841) 给定一个长度为 n 的字符串,再给定 m 个询问,每个询问包含 4 个整数 l_1, r_1, l_2, r_2,请你判断 $[l_1, r_1]$ 和 $[l_2, r_2]$ 这两个区间所包含的字符串子串是否完全相同。

字符串中只包含大小写英文字母和数字。

输入:

第一行包含整数 n 和 m,表示字符串长度和询问次数。

第二行包含一个长度为 n 的字符串,字符串中只包含大小写英文字母和数字。

接下来 m 行,每行包含 4 个整数 l_1, r_1, l_2, r_2,表示一次询问所涉及的两个区间。

注意,字符串的位置从 1 开始编号。

$1 \leqslant n, m \leqslant 10^5$

输出:

对于每个询问输出一个结果,如果两个字符串子串完全相同则输出 Yes,否则输出 No。

每个结果占一行。

输入样例:

8 3

aabbaabb

1 3 5 7

1 3 6 8

1 2 1 2

输出样例:

Yes

No

Yes

分析:

将一个字符串看成一个数字给每一位赋值一个权值进行计算,得到哈希值。

通过比较哈希值来完成一系列操作。

代码:

```cpp
#include <bits/stdc++.h>
using namespace std;
typedef unsigned long long ull; //采用此数据类型可以避免取模运算
//一般来讲取模2^64,即 unsigned long long 的极限范围自动完成取模
const int N = 1e5 + 10, P = 131; //每一位对应权值为131 或者 13331
//当取模2^64,权值为131 或者13331,没有冲突,哈希值相同等价于字符串相同
char str[N]; //注意不能将任何一个字符的哈希值规定成0
ull h[N]; //用来存储字符串中第 i 个字符之前的串的哈希值
ull p[N]; //用来存储对应位的权值
ull get(int l, int r)
{
    return h[r] - h[l-1] * p[r-l+1]; //利用公式可以得到给定任意位置的字符串的
                                     //哈希值
}
int main()
{
    int m, n;
    cin >> m >> n;
    cin >> str + 1;
    p[0] = 1;
    for(int i = 1; i <= m; i++)
    {
```

```
        p[i] = p[i-1] * P;

        h[i] = h[i-1] * P + str[i];

    }

    while( n - - )

    {

        int l1 ,r1 ,l2 ,r2;

        cin > >l1 > >r1 > >l2 > >r2;

        if( get(l1 ,r1) = = get(l2 ,r2) ) cout < < " Yes" < < endl;

        else cout < < " No" < < endl;

    }

    return 0;

}
```

6.3 作 业

1. 回文字符串(nefu oj P194. http://acm. nefu. edu. cn/problemShow. php? problem_id = 194)

2. 气球(nefu oj P549. http://acm. nefu. edu. cn/problemShow. php? problem_id = 549)

3. 取子字符串(nefu oj P1001. http://acm. nefu. edu. cn/problemShow. php? problem_id = 1001)

4. 字符串处理(nefu oj P2132. http://acm. nefu. edu. cn/problemShow. php? problem_id = 2132)

5. 字符串乘方(nefu oj P2131. http://acm. nefu. edu. cn/problemShow. php? problem_id = 2131)

6. 字符串匹配(nefu oj P2130. http://acm. nefu. edu. cn/problemShow. php? problem_id = 2130)

7. KMP 字符串(acwing P831. https://www. acwing. com/problem/content/833/)

8. Trie 字符串统计(acwing P835. https://www. acwing. com/problem/content/837/)

9. 字符串哈希(acwing P841. https://www. acwing. com/problem/content/843/)

第7章　二分法

本章要点:介绍信息学中的二分法。

7.1 主要介绍二分法的概念。

7.2 主要介绍二分法及其应用。

7.1　二分法的原理

7.1.1　概　　述

二分法是一种十分常用且精妙的算法,经常能帮助我们解决很多问题。二分法的基本用法是在单调序列或单调函数中查询答案。因此当问题的答案具有单调性时,就可以用二分法把直接求解问题答案转化为判定该答案是否符合题意,这就使得二分法的应用变得十分广泛。进一步,对于单峰函数可以利用三分法来求解相关问题。

二分法,在一个单调有序的集合或函数中查找一个解,每次会将其分为左右两部分,判断解在哪个部分,并根据判定函数的返回值不断调整上下界,直到找到目标元素。每次二分后都将舍弃一半的查找空间,因此在时间复杂度上是非常客观的。

例:用二分法求解猜数问题

假设我们在玩猜数游戏的时候,当我们猜出一个数,对方会告诉你这个数是大了还是小了,你就可以通过这个范围猜中数。现在告诉我们在整数区间[1,100]中,如何以最少的次数猜到数字26。

朴素的方法就是从1一直猜到100,直到猜中数字。如果整数区间在[1,100000],按朴素的方法最慢需要一直猜到100000才能猜到数字。所以可以使用二分法每次都猜区间的中间值,并根据反馈来调整整数区间(表7.1)。

表 7.1　猜数步骤

L	R	Mid	判断
1	100	50	50 > 26,说明 26 在左半区间,将区间上限调整为 Mid − 1
1	49	25	25 < 26,说明 26 在右半区间,将区间下限调整为 Mid + 1
26	49	37	37 > 26,说明 26 在左半区间,将区间上限调整为 Mid − 1
26	36	31	31 > 26,说明 26 在左半区间,将区间上限调整为 Mid − 1
26	30	28	28 > 26,说明 26 在左半区间,将区间上限调整为 Mid − 1
26	27	26	恭喜你找到了!

按照上述猜数步骤,就能很快猜中数字,这也是二分的思想。

7.1.2　二分法的分类

1.二分法在作用域上的分类

(1)整数域二分。

当一个问题的答案区间是整数域上时,我们就称为整数域二分。

(2)实数域二分。

当一个问题的答案区间是实数域上时,我们就称为实数域二分。

2.二分法在作用域上的分类

(1)二分答案。

最小值最大(或是最大值最小)问题,这类双最值问题常常选用二分法求解,也就是确定答案后,配合其他算法检验这个答案是否合理,将最优化问题转换为判定性问题。例如,将长度为 n 的序列 a_i 分成最多 m 个连续段,求所有分法中每段和的最大值的最小是多少。

(2)二分查找。

用具有单调性的布尔表达式求解分界点,比如在有序数列中求数字 x 的排名。

7.1.3　二分法求解问题

用二分法求解问题应该考虑如下几个方面:

(1)答案区间 L,R:一般来说题目会给出一个范围,可以用其来确定答案区间。例如,在猜数问题中,答案区间就为[1,100]。

(2)check 函数:根据题目来编写。例如,在猜数问题中,告诉你比某一数大还是小就为 check 函数。

(3)时间复杂度:因为二分法是折半算法,故可以用 O(log × 单次判定复杂度)完成。

整数域二分法的基本步骤如下:

(1)确定答案的区间范围。

(2)根据题意编写判断函数,来缩小答案区间。

(3)将所有部分解综合起来,得到问题的最终解。

整数域二分法的一般过程:

```
int Erfen(int L,int R)//区间范围
{
    int ans;
    while(L < =R)
    {
        int mid = (L + R)/ 2;//求取区间的中间值
        if(check(mid) = =true)//若满足要求,记下答案,并根据题意来缩小区间范围
        {
            ans = mid;
            L = mid + 1;
        }
        else
        {
            R = mid - 1;
        }
        return ans;
    }
}
```

实数域二分法的基本步骤:

(1)确定答案的区间范围。

(2)根据题意编写判断函数,来缩小答案区间。

(3)确定所需精度 eps,一般需要保留 k 位小数时,则取 $eps = 10^{-(k+2)}$。

(4)将所有部分解综合起来,得到问题的最终解。

实数域二分法的一般过程:

```
double Erfen(double L, double R)
{
    double ans;
    while(L + eps < R)//确定好所需的精度 eps
    {
```

```
        double mid = ( L + R )/2 ;
        if( check( mid ) = = true )//若满足要求,记下答案,并根据题意来缩小区间范围
        {
            ans = mid ;
            L = mid ;
        }
        else
            R = mid ;
    }
    return ans ;
}
```

有时精度不易确定时,通常采用固定循环次数的二分方法,这也是常用的一种策略。而循环次数可以根据题目、算法本身的时间复杂度来确定一个较为合适的数值。

```
double Erfen( double L, double R )
{
    double ans ;
    for( int i = 0 ; i < 100 ; i + + )//根据题目、check( )函数的时间来确定合适的循环次
                            数
    {
        double mid = ( L + R )/2 ;
        if( check( mid ) = = true )//若满足要求,记下答案,并根据题意来缩小区间范围
        {
            ans = mid ;
            L = mid ;
        }
        else
        {
            R = mid ;
        }
    }
    return ans ;
}
```

7.2 二分法及其应用

所谓"二分法"是指:在对问题求解时,总是根据区间中间值来判断是否符合题意,并根据 check 函数来不断缩小区间范围,最终得到答案。

特别说明:

若要用二分法求解某问题时,必须首先判断答案或序列是单调的!

二分法的基本步骤:

(1)确定答案的区间范围。

(2)根据题意编写判断函数,来缩小答案区间。

(3)将所有部分解综合起来,得到问题的最终解。

7.2.1 引导问题

例7.1 二分查找(nefu oj 956) 有 $n(1 < = n < = 1000005)$ 个整数,已经按照从小到大顺序排列好,现在另外给一个整数 x,请找出序列中第 1 个大于 x 的数的下标!

输入:

输入数据包含多个测试实例,每组数据由两行组成,第一行是 n 和 x,第二行是已经有序的 n 个整数的数列。

输出:

对于每个测试实例,请找出序列中第 1 个大于 x 的数的下标!

输入样例:

3　3

1　2　4

输出样例:

2

分析:

首先数组有序,符合二分法的有序性,故可以用二分查找算法。

代码:

```
#include <bits/stdc++.h>
using namespace std;
const int N = 2000005;
int n, x;
```

```
int num[N];
int main()
{

    while(cin >> n >> x)
    {
      for(int i=0; i < n; i++)
        cin >> num[i];
      int L=0, R=n - 1, ans=0;
      while(L <= R)
      {
        int mid = (L + R)/2;
        if(num[mid] > x){
          R = mid - 1;
          ans = mid;
        }
        else L = mid + 1;
      }
      cout << ans << "\n";
    }
    return 0;
}
```

7.2.2　二分答案问题

例 7.2　切绳子 – 二分(nefu oj 1648)　有 N 条绳子,它们的长度分别为 Li。如果从它们中切割出 K 条长度相同的绳子,这 K 条绳子每条最长能有多长?

输入:

多组输入!

第一行两个整数 N 和 K,接下来一行 N 个整数,描述了每条绳子的长度 Li,以空格隔开。

对于 100% 的数据 $1 <= Li < 10000000, 1 < = n, k < = 10000$

输出:

切割后每条绳子的最大长度(一个整数)

输入样例:

4 11

802 743 457 539

输出样例:

200

分析:

这是一类经典的二分答案问题。

首先判断一下答案是否符合单调性。如果切割的单条绳子过长,则切出的绳子条数小,同理,若切割的绳子过短,则切出的绳子条数大。所以,答案符合单调性。

其次,构造二分答案的 check 函数。假设当前切割的每段绳子长度为 m,则可以从 1 到 n 遍历所有的绳子,来计算可以切割多少段。据此来和 K 进行比较,若比 K 小,则说明长度 m 过大,相反则 m 过小。

代码:

```cpp
#include <bits/stdc++.h>
using namespace std;
const int N = 10010;
int n, k;
int num[N];
bool check(int mid)
{
    int sum = 0;
    for(int i = 1; i <= n; i++)
        sum += num[i] / mid;
    return sum >= k;
}
int main()
{
    ios::sync_with_stdio(0), cin.tie(0), cout.tie(0);//关同步流
    while(cin >> n >> k)
    {
        for(int i = 1; i <= n; i++)
            cin >> num[i];
```

```
        int L = 0, R = 1e7, ans = 0;
        while( L < = R )
        {
            int mid = ( L + R )/2;
            if( check( mid ) = = true )
            {
                L = mid + 1;
                ans = mid;
            }
            else
                R = mid - 1;
        }
        cout < < ans < < "\n";
    }
    return 0;
}
```

例 7.3 卖古董 – DP – 二分(nefu oj 1211) 你的朋友小明有 n 个古董,每个古董的价值给出,然后小明要在接下来的 m 天内将所有古董依次卖出(注意:必须依次卖出,也就是从第一个开始卖,卖到最后一个),小明希望的是这 m 天内每天卖出的价值和的最大值最小,你来帮助他吧!

输入:

一共 T 组数据,每组一个 n 和 m,代表 n 个古董以及 m(1 < = m < = n)天,然后下面 n 行为古董的价值,古董价值为 1 到 10000(1 < = n < = 100000)。

输出:

输出 m 天内卖出的古董价值和的最大值(当然是最优的时候),我们希望的是这个最大值越小越好。

输入样例:

3

7 5

100

400

300

100

500

101

400

4　3

2

6

2

4

4　2

2

6

2

4

输出样例:

500

6

8

分析:

二分查找首先确定搜索范围,即代码中的 L 和 R,这是答案可能的范围,然后分析出来我们是要求满足条件的第一个值(想象一个数轴,左侧是不可行区间,右侧是可行区间,临界点就是要求的)。

满足啥条件:找出限制因素。

首先题目限制了要分为 m 天,然后最优解限制了最大值要小于 mid(也就是你猜的)。

那么 check 函数就是要判断把 n 个古董分 m 天卖并保证每天最大值 <＝mid 是否可行。

具体判断采用贪心,把每一天想成一个容器,他们的容量都是最大值,那么我们怎么装最优呢? 每个容器能装多少装多少,装满了再要新的。

代码:

```
#include ＜bits/stdc＋＋.h＞
using namespace std;
int n, m, t;
const int N＝1e5＋10;
```

```
int a[N];
bool check(int x)//判断能不能分出这个最大值的方案
{
    int group = 1;
    int v = x;
    for(int i = 1; i <= n; i++)
    {
        if(v >= a[i])
            v -= a[i];
        else
        {
            group++;
            v = x - a[i];
        }
    }
    return group <= m;
}


int main()
{
    cin >> t;
    while(t--)
    {
        int R = 0, L = 0, ans = 0;
        cin >> n >> m;
        for(int i = 1; i <= n; i++)
        {
            cin >> a[i];
            R += a[i];
            L = max(L, a[i]);
        }
```

```
    while( L  < = R )
    {
       int mid = ( L + R )/2;
       if( check( mid ) )
       {
         R = mid  –  1;
         ans = mid;
       }
       else
         L = mid + 1;
    }
    cout  < <  ans  < <  " \n";
  }
  return 0;
}
```

7.2.3　实数二分问题

例 7.4　切绳子(洛谷 P1577)　有 N 条绳子,它们的长度分别为 Li。如果从它们中切割出 K 条长度相同的绳子,这 K 条绳子每条最长能有多长? 答案保留到小数点后 2 位(直接舍掉 2 位后的小数)。

输入:

第一行两个整数 N 和 K,接下来 N 行,描述了每条绳子的长度 Li。

输出:

切割后每条绳子的最大长度。答案与标准答案误差不超过 0.01 或者相对误差不超过 1% 即可通过。

输入样例:

4 11

8.02

7.43

4.57

5.39

输出样例：

2.00

分析：

此题分析与例 7.2 相同，只不过换成了实数二分问题，注意精度问题！

代码：

```cpp
#include <bits/stdc++.h>
using namespace std;
const int N = 10010;
int n, k;
double num[N];
bool check(double mid)
{
    int sum = 0;
    for(int i = 1; i <= n; i++)
        sum += int(num[i] / mid);
    return sum >= k;
}
int main()
{
    while(cin >> n >> k)
    {
        double L = 0, R = 0, ans = 0;
        for(int i = 1; i <= n; i++)
        {
            cin >> num[i];
            R += num[i];
        }
        for(int i = 1; i <= 1000; i++)//固定循环次数
        {
            double mid = (L + R) / 2;
            if(check(mid) == true)
```

```
                {
                    L = mid;
                    ans = mid;
                }
                else
                    R = mid;
            }
        printf("%.2lf\n",floor(ans * 100)/100);
        }
    return 0;
}
```

例 7.5　飞,比跑快吧(nefu oj 2291)　一天,身处龙脊雪山之巅的枫原万叶,眺望远方的故土,看了一眼手中的苍古自由之誓,心中不由感慨万分。他深知,就算在风之力的帮助下,也不足以能够让自己远渡重洋。蓦然间,枫原万叶看见了山下的旅行者正在和小派蒙玩耍,他会心一笑,张开风之翼向山下飞去。

可能聪明的你要问了,枫原万叶到底能不能飞到呢? 事实上,他确实不知道,因为他把这个有趣的问题交给了你。

我们给定,在风之翼的帮助下,提瓦特大陆上的空中飞行物的下降率为 a/b,即每在 y 方向下降 a m 可以在 x 方向最多向前飞行 b m(具体来说:每下降 a m,飞行物可以操控风之翼,在 x 方向,向前任意飞行 0 ~ b m)。由于提瓦特大陆上的重力与风之翼的共同作用,飞行物每秒会下降 1.5 m。在千早振的帮助下,每次使用该技能时,他将向上腾起 1 m(技能瞬发,不考虑施法动作的时间),由于需要等待风元素的回复,该技能每隔 6 s 才能使用一次。

现在我们想象枫原万叶的飞行轨迹与地平面的垂面为分析对象的平面,假设枫原万叶处于(0,y)处,山下的旅行者在(x,0)处,请你计算一下,枫原万叶可不可以顺利地一直飞到山下的旅行者处呢?

请注意,如果在某一个时刻枫原万叶已经接触到地面(即 y = 0),那么此时就已经认为他的飞行过程结束,不能再次使用千早振起飞。

输入:

第一行输入一个整数 T,表示有 T,T < = 1×10^5 组输入数据,每组数据包含一行,输入 4 个整数 a,b,x,y,分别代表下降率,旅行者的位置和枫原万叶的初始高度。

对 100% 的测试数据保证 a < = b,且 1 < = T,a,b,x,y < = 1×10^5。

输出：

请告诉枫原万叶他是否可以飞到旅行者处，如果可以请输出 yes，反之输出 no，每组输入对应一行输出。

输入样例：

4

3 4 20 15

3 4 20 14

3 4 20 13

3 4 20 12

输出样例：

yes

yes

yes

no

样例解释：

样例 1 解释(图 7.1)：

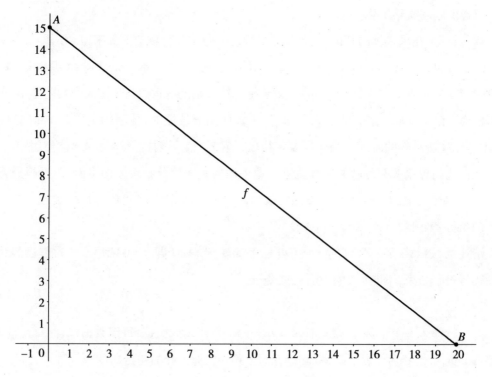

图 7.1

样例 2 解释（图 7.2）：

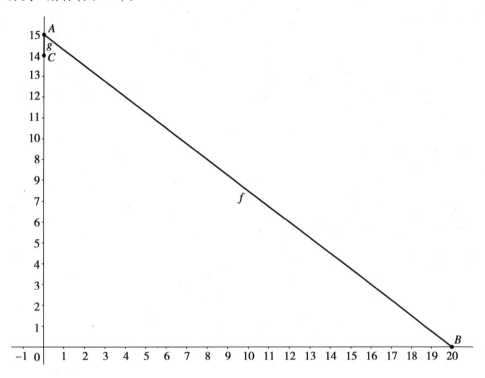

图 7.2

样例 3 解释（图 7.3）：

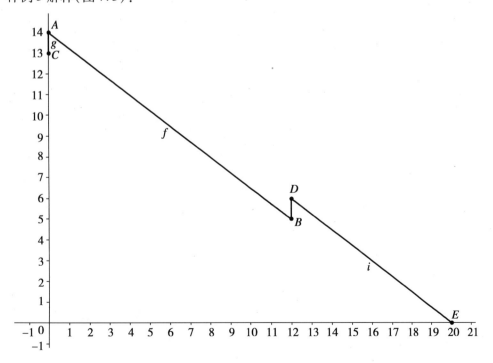

图 7.3

分析：

二分答案问题。可以将在空中飞行的最大时间来作为指标，进而进行二分答案，最后再判断是否在最大飞行时间内到达 x 点即可。

Check 函数的构造：

公式 1：最大飞行时间×下降速度＞起始点的高度＋使用技能上升的高度，则说明最大飞行时间枚举得过大，说明答案在左区间。相反答案在右区间。

而公式 1 不难看出，也是单调函数，故符合二分的单调性的性质。

得到最大飞行时间后，即可根据公式 2：最大飞行时间＊下降速度/a＊b 来判断是否能到达 x 点。

代码：

```cpp
#include <bits/stdc++.h>
using namespace std;
double x, y, a, b; //每向下 a m,向前 b m
bool check(double mid)//mid 代表飞行的最大时间
{
    double tmp = 1.5 * mid - ((int)mid / 6 + 1) - y; //单调函数,公式 1
    if(tmp <= 0)
        return 1;
    return 0;
}
int main()
{

    int t;
    scanf("%d", &t);
    while(t--)
    {
        scanf("%lf%lf%lf%lf", &a, &b, &x, &y);
        double l = y / 1.5, r = 1e7, maxx = l; //时间
        for(int i = 1; i <= 100; i++)
        {
            double mid = (l + r) / 2;
```

```
        if( check( mid) )
        {
          maxx = mid;
          l = mid;
        }
        else
          r = mid;
      }
      double tmp = maxx * 1.5 / a * b;//公式 2
      if( tmp > = x)
        printf( "yes\n" );
      else
        printf( "no\n" );
    }
    return 0;
}
```

例 7.6　互相攻击的奶牛(洛谷 P1824)　Farmer John 建造了一个有 N(2≤N≤100000) 个隔间的牛棚,这些隔间分布在一条直线上,坐标是 x1,...,xN(0≤xi≤1000000000)。

他的 C(2≤C≤N)头牛不满于隔间的位置分布,它们因为牛棚里其他牛的存在而愤怒。为了防止牛之间的互相打斗,Farmer John 想把这些牛安置在指定的隔间,所有牛中相邻两头的最近距离越大越好。那么,这个最大的最近距离是多少呢?

输入:

第 1 行:两个用空格隔开的数字 N 和 C。

第 2~N+1 行:每行一个整数,表示每个隔间的坐标。

输出:

输出只有一行,即相邻两头牛最大的最近距离。

输入样例:

5　3

1

2

8

4

9

输出样例:

3

分析:

类似的最大值最小化或者最小值最大化问题,通常用二分法就可以很好地解决。

我们定义:

设 C(d) 表示可以安排牛的位置使得最近的两头牛的距离不小于 d,那么问题就变成了求满足 C(d) 的最大的 d,另外,最近的间距不小于 d 也可以说成是所有牛棚的间距都不小于 d,因此就有 C(d) 表示可以安排牛的位置使得任意的两头牛的距离不小于 d。

这个问题的判断使用贪心法便可非常容易地求解。

(1)对牛的位置 x 进行排序。

(2)把第一头牛放入 x0 的位置。

(3)如果第 i 头牛放入了 xj,第 i+1 头牛就要放入满足 xj+d≤xk 的最小的 xk 中。

对 x 的排序只需在最开始时进行一次就可以了,每一次判断最多进行一次处理,因此时间复杂度是 O(nlogn)。

代码:

```cpp
#include <bits/stdc++.h>
using namespace std;
typedef long long ll;

const int maxn = 1e5 + 5;
int x[maxn];
int n, c, ans;
bool check(int t)
{
    int cnt = 1, pos = 1;
    for(int i = 2; i <= n; i++)
    {
        if(x[i] - x[pos] >= t)
        {
            ++cnt; //记录牛的数量
            pos = i;
```

```
      }
    }
    if( cnt > = c )
      return 1;
    else
      return 0;
  }
  int main( )
  {
    ios∷sync_with_stdio( false );
    cin > > n > > c;
    for( int i = 1; i < = n; i + + )
      cin > > x[ i ];
    sort( x + 1, x + 1 + n );
    int l = 0, r = x[ n ] − x[ 1 ];
    while( l < = r )//距离
    {
      int mid = l + ( r − l )/ 2;
      if( check( mid ) = = 1 )
      {
        ans = mid;
        l = mid + 1; //扩大
      }
      else
        r = mid − 1; //缩小
    }
    cout < < ans;
    return 0;
  }
```

例 7.7   数列分段 Section Ⅱ(洛谷 P1182)   对于给定的一个长度为 N 的正整数数列 A_1 ~ A_N,现要将其分成 M(M ≤ N)段,并要求每段连续,且每段和的最大值最小。

关于最大值最小:

例如一数列 4 2 4 5 1 要分成 3 段。

将其如下分段：

[4 2][4 5][1]

第一段和为 6,第 2 段和为 9,第 3 段和为 1,和最大值为 9。

将其如下分段：

[4][2 4][5 1]

第一段和为 4,第 2 段和为 6,第 3 段和为 6,和最大值为 6。

并且无论如何分段,最大值不会小于 6。

所以可以得到要将数列 4 2 4 5 1 分成 3 段,每段和的最大值最小为 6。

输入：

第 1 行包含两个正整数 N,M。

第 2 行包含 N 个空格隔开的非负整数 A_i?,含义如题目所述。

输出：

一个正整数,即每段和最大值最小为多少。

输入样例：

5 3

4 2 4 5 1

输出样例：

6

说明/提示：

对于 100% 的数据,$1 \leqslant N \leqslant 10^5$,$M \leqslant N$,$A_i < 10^8$,答案不超过 10^9。

分析：

求数段和最大值中最小的那个。那么肯定要在数列最大值与数列和之间查找,最初左边界为数列最大值,最初右边界为数列和,二分查找。

如果最少段数超过了 m,即答案超过了 mid,则要在 mid 右边继续寻找二分点;如果最少段数小于等于 m,那么就要继续寻找左边的二分点。

代码：

```cpp
#include <bits/stdc++.h>
using namespace std;
const int N = 100005;
int n, m;
int a[N];
```

```cpp
int sum, maxx = INT_MIN;
bool check(int mid)
{
    int cnt = 0;
    int tmp = 0;
    for(int i = 1; i <= n; i++)
    {
        if(tmp + a[i] <= mid)
            tmp += a[i];
        else
        {
            tmp = a[i];
            ++cnt;
        }
    }
    if(cnt >= m)//太小
        return 1;
    if(cnt < m)//太大
        return 0;
}
int main()
{
    ios::sync_with_stdio(false);
    cin >> n >> m;
    for(int i = 1; i <= n; i++)
    {
        cin >> a[i];
        maxx = max(maxx, a[i]); //限制 L 范围
        sum += a[i]; //限制 R 范围
    }
    int l = maxx, r = sum;
    while(l <= r)
```

```
        {
            int mid = l + ( r - l) / 2；//防止爆 longlong，一种技巧
            if( check( mid) = = 1)
                l = mid + 1；
            else
                r = mid - 1；
        }
        cout < < l；
        return 0；
    }
```

7.3　作　　业

1. 跳石头（洛谷 P2678. https://www.luogu.com.cn/problem/P2678）

2. 一元三次方程求解（洛谷 P1024. https://www.luogu.com.cn/problem/P1024）

3. 最长公共子序列——二分写法（洛谷 P1439. https://www.luogu.com.cn/problem/P1439）

4. 山——实数二分（洛谷 P1663. https://www.luogu.com.cn/problem/P1663）

5. 二分查找（nefu oj P956. http://acm.nefu.edu.cn/problemShow.php? problem_id = 956）

6. 二分查找加强版（nefu oj P1245. https://acm.webvpn.nefu.edu.cn/problemShow.php? problem_id = 1245）

7. 简单几何 - 二分（nefu oj P1303. https://acm.webvpn.nefu.edu.cn/problemShow.php? problem_id = 1303）

8. 函数坐标 - 二分（nefu oj P1645. https://acm.webvpn.nefu.edu.cn/problemShow.php? problem_id = 1645）

9. 二分查找之旅（nefu oj P1646. https://acm.webvpn.nefu.edu.cn/problemShow.php? problem_id = 1646）

10. 二倍问题加强版 - 二分 - 桶排（nefu oj P1647. https://acm.webvpn.nefu.edu.cn/problemShow.php? problem_id = 1647）

11. 切绳子 - 二分（nefu oj P1648. https://acm.webvpn.nefu.edu.cn/problemShow.php? problem_id = 1648）

12. 书的复制 – DP – 二分（nefu oj P1708. https://acm. webvpn. nefu. edu. cn/problemS-how. php？problem_id = 1708）

13. 数列分段 – 二分（nefu oj P1733. https://acm. webvpn. nefu. edu. cn/problemShow. php？problem_id = 1733）

14. 切绳子实数版 – 二分（nefu oj P1751. https://acm. webvpn. nefu. edu. cn/problemS-how. php？problem_id = 1751）

15. 砍伐树木 – 二分（nefu oj P1753. https://acm. webvpn. nefu. edu. cn/problemShow. php？problem_id = 1753）

16. 抽奖2 – 二分（nefu oj P2147. https://acm. webvpn. nefu. edu. cn/problemShow. php？problem_id = 2147）

第8章 前缀和与差分

本章要点:前缀和与差分的算法,二维前缀和的扩展。

8.1 主要介绍前缀和的概念。

8.2 主要介绍前缀和算法及其应用。

8.3 主要介绍差分的概念。

8.4 主要介绍差分算法及其应用。

8.1 前缀和的原理

8.1.1 概 述

前缀和算法(prefix addition algorithm)是通过对数组元素进行累加求和来对一些问题进行更加迅速的操作。前缀和算法的特点是通过前缀和的思想来对一个整体进行操作,往往能够减少循环执行的次数,它通过计算前缀和的方式,省去了每次求区间和的循环次数。通过对区间两个端点记录下的前缀和相减来求出整个区间元素的总和。

前缀和的运用较为广泛,常常与其他算法结合起来考查,起到一些优化时间复杂度的作用。在近几年的 CSP 认证中前缀和与差分算法的考查常常出现在第二题中。下面通过一些简单的例子,来讲解一下前缀和算法。

一维前缀和问题:

其实可以把它理解为数学上的数列的前 n 项和(对于一个一维数组的前缀和)。我们定义对于一个数组 a 的前缀和数组 s,$s[i] = a[1] + a[2] + \cdots + a[i]$.

现在给出一个数列 a,要求回答 m 次询问,每次询问下标 l 到 r 的和?

这是一个简单的前缀和问题,通过前缀和算法可以有效地提高运算速度,通过前缀和记录每个元素之前的累加和,在之后的 m 次询问中,只需输出 $s[r] - s[l-1]$ 即可。

二维前缀和问题:

与一维前缀和类似,我们定义 $s[i][j]$ 表示所有 $a[i][j]$ 的和(即在一个二维数组中前 i 行与前 j 列中所有元素的和),有一点像"矩形的面积"那样,把一整块区域的值都加起来。

现在给出一个数列 a,要求回答 m 次询问,每次询问左上角 x1,y1,右下角 x2,y2 所围成的元素和?

这是一个二维前缀和的问题,利用递推思想:先把二维前缀和计算出来(即 i,j 矩阵中所有元素的和)。

由图 8.1 可以推出,每次询问所对应面积的计算公式为

$$Res = b[x2][y2] - b[x1-1][y2] - b[x2][y1-1] + b[x1-1][y1-1]$$

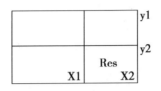

图 8.1

在之后的 m 次询问中,只需通过公式来计算给定矩阵中各个元素的和即可。

8.1.2　前缀和算法的特征

前缀和算法的特征——区域的连续性:所处理的数据往往是连续的。

8.1.3　前缀和解题的步骤

前缀和解题通常分为两个阶段:

(1)分析:分析题目数据是否满足相关性质,对数据进行预处理求出前缀和。

(2)求解:对题目询问的指定范围,推出其计算公式,返回结果。

8.2　前缀和的应用

只要题目中的数据具有一定的连续性或规律性就可以考虑使用前缀和来优化相关算法。

例 8.1　序列查询(CSP 202112-01)　西西艾弗岛的购物中心里店铺林立,商品琳琅满目。为了帮助游客根据自己的预算快速选择心仪的商品,IT 部门决定研发一套商品检索系统,支持对任意给定的预算 x,查询在该预算范围内(≤x)价格最高的商品。如果没有商品符合该预算要求,便向游客推荐可以免费领取的西西艾弗岛定制纪念品。

假设购物中心里有 n 件商品,价格从低到高依次为 $A_1, A_2, \cdots, A_n$,则根据预算 x 检索商品的过程可以抽象为如下序列查询问题。

$A = [A_0, A_1, A_2, \cdots, A_n]$ 是一个由 $n+1$ 个 $[0, N)$ 范围内整数组成的序列,满足 $0 = A_0 < A_1 < A_2 < \cdots < A_n < N$(这个定义中蕴含了 n 一定小于 N)。

基于序列 A,对于 $[0,N)$ 范围内任意的整数 x,查询 $f(z)$ 定义为:序列 A 中小于等于 x 的整数里最大的数的下标具体来说有以下两种情况:

1.存在下标 $0 < i < n$ 满足 $A_i \leqslant x < A_{i+1}$

此时序列 A 中从 A_0 到 A_i 均小于等于 x,其中最大的数为 A_i,其下标为 i,故 $f(x) = i$。

2. $An \leqslant x$

此时序列 A 中所有的数都小于等于 x,其中最大的数为 An,故 $f(x) = n$。令 $sum(A)$ 表示 $f(0)$ 到 $f(N-1)$ 的总和,即:

$$sum(A) = >f(i) = f(0) + f(1) + f(2) + \cdots + f(N-1)$$

对于给定的序列 A,试计算 $sum(A)$。

输入:

从标准输入读入数据。

输入的第一行包含空格分隔的两个正整数 n 和 N。

输入的第二行包含 n 个用空格分隔的整数 $A_1, A_2, \cdots, A_n$。注意 A_0 固定为 0,因此输入数据中不包括 A0。

输出:

输出到标准输出。

仅输出一个整数,表示 $sum(A)$ 的值。

输入样例:

3 10

2 5 8

输出样例:

15

分析:

此题是 CSP 的第一题,由题意可知是一个简单的前缀和问题,根据题意来求出其前缀和即可。

代码:

```cpp
#include <bits/stdc++.h>

using namespace std;

const int N = 10000050;
int n,m,s[N];
```

```
bool st[N];
int ans;

int main()
{
    scanf("%d %d",&n,&m);
    for(int i=1;i<=n;i++)
    {
        int d;
        scanf("%d",&d);
        st[d]=true;
    }
    for(int i=1;i<m;i++)
    {
        if(st[i])s[i]++;
        s[i]+=s[i-1];
    }
    for(int i=0;i<m;i++)
    {
        ans+=s[i];
    }
    printf("%d",ans);
    return 0;
}
```

例 8.2　子矩阵的和(nefu 2280)　输入一个 n 行 m 列的整数矩阵,再输入 q 个询问,每个询问包含 4 个整数 x1,y1,x2,y2,表示一个子矩阵的左上角坐标和右下角坐标。

对于每个询问输出子矩阵中所有数的和。

输入:

第一行包含 3 个整数 n,m,q。

接下来 n 行,每行包含 m 个整数,表示整数矩阵。

接下来 q 行,每行包含 4 个整数 x1,y1,x2,y2,表示一组询问。

输出:

共 q 行,每行输出一个询问的结果。

数据范围

$1 \leqslant n, m \leqslant 1000$

$1 \leqslant q \leqslant 200000$

$1 \leqslant x1 \leqslant x2 \leqslant n$

$1 \leqslant y1 \leqslant y2 \leqslant m$

$-1000 \leqslant$ 矩阵内元素的值 $\leqslant 1000$

输入样例:

3   4   3

1   7   2   4

3   6   2   8

2   1   2   3

1   1   2   2

2   1   3   4

1   3   3   4

输出样例:

17

27

21

分析:

二维前缀和模板题,通过递推求出矩阵的前缀和,通过子矩阵和的计算公式来计算出子矩阵的和即可。

代码:

```cpp
#include <bits/stdc++.h>

using namespace std;

const int N = 1005;
int a[N][N], n, m, q;
int s[N][N];

int main()
```

```
{
    ios::sync_with_stdio(false),cin.tie(0),cout.tie(0);
    cin >> n >> m >> q;
    for(int i = 1;i <= n;i++)
    {
        for(int j = 1;j <= m;j++)
        {
            cin >> a[i][j];
        }
    }
    for(int i = 1;i <= n;i++)
    {
        for(int j = 1;j <= m;j++)
        {
            s[i][j] += a[i][j] + s[i-1][j] + s[i][j-1] - s[i-1][j-1];
        }
    }
    while(q--)
    {
        int x1,x2,y1,y2;
        cin >> x1 >> y1 >> x2 >> y2;
        int ans = s[x2][y2] - s[x1-1][y2] - s[x2][y1-1] + s[x1-1][y1-1];
        cout << ans << endl;
    }
    return 0;
}
```

例 8.3　邻域均值 CSP(202104 - 2) 顿顿在学习了数字图像处理后,想要对手上的一副灰度图像进行降噪处理。不过该图像仅在较暗区域有很多噪点,如果贸然对全图进行降噪,会在抹去噪点的同时也模糊了原有图像。因此顿顿打算先使用邻域均值来判断一个像素是否处于较暗区域,然后仅对处于较暗区域的像素进行降噪处理。

待处理的灰度图像长宽皆为 n 个像素,可以表示为一个 n * n 大小的矩阵 A,其中每个元素是一个 [0,L) 范围内的整数,表示对应位置像素的灰度值。对于矩阵中任意一个元素

$Aij(0 \leq i, j < n)$，其邻域定义为附近若干元素的集和：

$$Neighbor(i, j, r) = \{Axy | 0 \leq x, y < n \text{ and } |x - i| \leq r \text{ and } |y - i| \leq r\}$$

这里使用了一个额外的参数 r 来指明 Aij 附近元素的具体范围。根据定义，易知 Neighbor(i, j, r) 最多有 $(2r+1)^2$ 个元素。如果元素 Aij 邻域中所有元素的平均值小于或等于一个给定的阈值 t，我们就认为该元素对应位置的像素处于较暗区域：下图给出了两个例子，左侧图像的较暗区域在右侧图像中显示为黑色，其余区域显示为白色。现给定邻域参数 r 和阈值 t，试统计输入灰度图像中有多少像素处于较暗区域。

输入：

输入共 n + 1 行。

输入的第 1 行包含 4 个用空格分隔的正整数 n, L, r 和 t，含义如前文所述。第 2 到第 n + 1 行输入矩阵 A。

第 $i + 2(0 < i < n)$ 行包含用空格分隔的 n 个整数，依次为 $Ai0, Ai1, \cdots, Ai(n-1)$。

输出：

输出一个整数，表示输入灰度图像中处于较暗区域的像素总数。

输入样例：

4 16 1 6

0 1 2 3

4 5 6 7

8 9 10 11

12 13 14 15

输出样例：

7

分析：

这道题是 CSP2021 年 4 月份认证考试中的第二题，以数字图像处理为背景，定义了图像中的较暗区域，题意简单来说，就是一个像素以及和它满足题目中规定的邻近点，它们像素值的平均值小于 t，则该点是一个较暗区域，题目要求统计共有多少较暗区域。这道题与上一道模板题类似，都是考查二维前缀和的应用，根据题意计算出每个点所对应的矩形，然后通过二维前缀和计算像素和与题目给定数值进行比较即可。

代码：

```
#include <bits/stdc++.h>

using namespace std;
```

```
const int N = 610;
int n,L,r,t;
int a[N][N],s[N][N];
int ans;

int main()
{
    scanf("%d %d %d %d",&n,&L,&r,&t);
    for(int i=1;i<=n;i++)
    {
        for(int j=1;j<=n;j++)
        {
            scanf("%d",&a[i][j]);
        }
    }
    for(int i=1;i<=n;i++)
    {
        for(int j=1;j<=n;j++)
        {
            s[i][j]=a[i][j]+s[i-1][j]+s[i][j-1]-s[i-1][j-1];
        }
    }
    for(int i=1;i<=n;i++)
    {
        for(int j=1;j<=n;j++)
        {
            int x1,y1,x2,y2;
            x1=max(1,i-r);
            y1=max(1,j-r);
            x2=min(n,i+r);
            y2=min(n,j+r);
            int res=s[x2][y2]-s[x2][y1-1]-s[x1-1][y2]+s[x1-1][y1-1];
```

```
        int num = (x2 - x1 + 1) * (y2 - y1 + 1);

        if(res < = t * num) ans + +;

    }

}

printf("% d", ans);

return 0;

}
```

8.3　差分的原理

8.3.1　概　　述

差分(difference)又名差分函数或差分运算,差分的结果反映了离散量之间的一种变化,是研究离散数学的一种工具。它将原函数 $f(x)$ 映射到 $f(x+a) - f(x+b)$。差分运算,相应于微分运算,是微积分中重要的一个概念。总而言之,差分对应离散。差分又分为前向差分、后向差分及中心差分 3 种。

读者熟悉等差数列: $a_1, a_2, a_3, \cdots, a_n \cdots$,其中 $a_{n+1} = a_n + d (n = 1, 2, \cdots, n)$, d 为常数,称为公差,即 $d = a_{n+1} - a_n$,这就是一个差分,通常用 $D(a_n) = a_{n+1} - a_n$ 来表示,于是有 $D(a_n) = d$,这是一个最简单形式的差分方程。

定义:设变量 y 依赖于自变量 t,当 t 变到 $t+1$ 时,因变量 $y = y(t)$ 的改变量 $Dy(t) = y(t+1) - y(t)$,称为函数 $y(t)$ 在点 t 处步长为 1 的(一阶)差分,记作 $Dy_1 = y_{t+1} - y_t$,简称为函数 $y(t)$ 的(一阶)差分,并称 D 为差分算子。

同样,差分算法也是近年来 CSP 中常考的算法之一,通常在第二题中进行考查,通过差分算法往往能够将较为复杂的问题简单化。熟练地掌握差分算法能帮助读者快速地通过前两道题为后面较难的题目争取时间,下面我们就通过一些例子来具体介绍一下差分算法。

1. 一维差分问题

给定一个长度为 n 的数列 a,要求支持操作 add(L,R,k) 表示对 a[L] ~ a[R] 的每个数都加上 k,并求修改后的序列 a。

分析可知,每次操作给定 l,r,x 表示为在 a[n] 的 [l,r] 区间所有的数都加上 x 相当于在 b[n] 这个差分序列中,b[l] + = x; b[r+1] - = x; 不妨我们假设已知序列 a[N] = {1,3,5, 8,10,13},则对应的差分序列 b[N] = {1,2,2,3,2,3}。例如,在 a[n] 的 [2,3] 都加 2。则 b[N] 变成 1,4,2,1,2,3。再求前缀和:1,5,7,8,10,13 是 a[n] 最终的结果。

2.二维差分问题

给定一个 n＊m 的矩阵,要求支持操作 add(x1,y1,x2,y2,a),表示对于以(x1,y1)为左上角,(x2,y2)为右下角的矩形区域,每个元素都加上 a,要求修改后的矩阵。

分析可知,此题对区域的差分操作的重要思想与前缀和对二维操作的思想类似,通过 b[x1][y1] + = a,b[x1][y2 + 1] − = a,b[x2 + 1][y1] − = a,b[x2 + 1][y2 + 1] + = a,来对区域进行差分维护即可。

8.3.2 差分算法的特征

差分算法的特征——区域的连续性:所处理的数据往往是连续的。

8.3.3 差分解题的步骤

差分解题通常分为以下几个阶段:

(1)确定二维差分的 b[ ]数组,初始值为 0,这是最关键的。把每一个 a[i][j]的值用 update(x1,y1,x1,y1,c);来初始到 b 中。

(2)根据题目的要求,对矩形区间进行更新 update(x1,y1,x2,y2,c)。

(3)对 b[ ]做二维前缀和,得到 a[ ]。

```
int update(int x1,int y1,int x2,int y2,int c)
{
b[x1][y1] + = c;
b[x1][y2 + 1] − = c;
b[x2 + 1][y1] − = c;
b[x2 + 1][y2 + 1] + = c;
return 0;
}
```

8.4 差分的应用

例 8.4 差分(Acwing 797) 输入一个长度为 n 的整数序列。

接下来输入 m 个操作,每个操作包含三个整数 l,r,c,表示将序列中[l,r]之间的每个数加上 c。

请你输出进行完所有操作后的序列。

$1 \leqslant n,m \leqslant 100000$

$1 \leqslant l \leqslant r \leqslant n$

$-1000 \leqslant c \leqslant 1000$

$-1000 \leqslant$ 整数序列中元素的值 $\leqslant 1000$

输入:

第一行包含两个整数 n 和 m。

第二行包含 n 个整数,表示整数序列。

接下来 m 行,每行包含三个整数 l,r,c,表示一个操作。

输出:

共一行,包含 n 个整数,表示最终序列。

输入格式:

```
6  3
1  2  2  1  2  1
1  3  1
3  5  1
1  6  1
```

输出格式:

```
3  4  5  3  4  2
```

分析:

此题为一维差分的模板题,与前面所举出的例子类似,通过构造差分序列即可。

代码:

```cpp
#include <bits/stdc++.h>

using namespace std;
const int N = 100050;
int a[N],b[N];
int n,m,q;
void insert_(int l,int r,int c)
{
    b[l] += c;
    b[r+1] -= c;
}
int main()
```

```
{
    scanf("%d%d",&n,&m);
    for(int i=1;i<=n;i++)
    {
        scanf("%d",&a[i]);
        insert_(i,i,a[i]);
    }
    while(m--)
    {
        int l,r,c;
        scanf("%d %d %d",&l,&r,&c);
        insert_(l,r,c);
    }
    for(int i=1;i<=n;i++)
    {
        b[i]+=b[i-1];
        printf("%d ",b[i]);
    }
    return 0;
}
```

例 8.5　差分矩阵(Acwing 798)　输入一个 n 行 m 列的整数矩阵,再输入 q 个操作,每个操作包含 5 个整数 x1,y1,x2,y2,c,其中(x1,y1)和(x2,y2)表示一个子矩阵的左上角坐标和右下角坐标。

每个操作都要将选中的子矩阵中的每个元素的值加上 c。

请你将进行完所有操作后的矩阵输出。

$1 \leqslant n,m \leqslant 1000$,

$1 \leqslant q \leqslant 100000$,

$1 \leqslant x1 \leqslant x2 \leqslant n$,

$1 \leqslant y1 \leqslant y2 \leqslant m$,

$-1000 \leqslant c \leqslant 1000$,

$-1000 \leqslant$ 矩阵内元素的值 $\leqslant 1000$

输入:

第一行包含整数 n,m,q。

接下来 n 行,每行包含 m 个整数,表示整数矩阵。

接下来 q 行,每行包含 5 个整数 x1,y1,x2,y2,c,表示一个操作。

输出:

共 n 行,每行 m 个整数,表示所有操作进行完毕后的最终矩阵。

输入样例:

3 4 3

1 2 2 1

3 2 2 1

1 1 1 1

1 1 2 2 1

1 3 2 3 2

3 1 3 4 1

输出样例:

2 3 4 1

4 3 4 1

2 2 2 2

分析:

本题也是一道模板题,考查的是对二维差分的操作过程,与之前举例一样提供构造出二维差分序列即可。

代码:

```cpp
#include <bits/stdc++.h>

using namespace std;
const int N = 1050;
int a[N][N], b[N][N];
int m, n, t;
void insert_(int x1, int y1, int x2, int y2, int c)
{
  b[x1][y1] += c;
  b[x1][y2+1] -= c;
  b[x2+1][y1] -= c;
```

```
        b[x2+1][y2+1]+=c;
}

int main()
{

    scanf("%d %d %d",&m,&n,&t);
    for(int i=1;i<=m;i++)
        for(int j=1;j<=n;j++)
        scanf("%d",&a[i][j]);
    for(int i=1;i<=m;i++)
        for(int j=1;j<=n;j++)
    {

        insert_(i,j,i,j,a[i][j]);

    }
    while(t--)
    {

        int x1,y1,x2,y2,c;
        scanf("%d %d %d %d %d",&x1,&y1,&x2,&y2,&c);
        insert_(x1,y1,x2,y2,c);

    }
    for(int i=1;i<=m;i++)
        for(int j=1;j<=n;j++)
    {

        b[i][j]+=b[i-1][j]+b[i][j-1]-b[i-1][j-1];

    }
    for(int i=1;i<=m;i++)
    {

        for(int j=1;j<=n;j++)
            printf("%d ",b[i][j]);
        printf("\n");

    }
    return 0;

}
```

例 8.6　出行计划（CSP 202203 - 2）　最近西西艾弗岛上出入各个场所都要持有一定时限内的检测结果。

具体来说，如果在 t 时刻做了检测，则经过一段时间后可以得到检测结果。这里我们假定等待检测结果需要 k 个单位时间，即在 t + k 时刻可以获得结果。如果一个场所要求持 24 个单位时间内检测结果入内，那么凭上述的检测结果，可以在第 t + k 时刻到第 t + k + 23 时刻进入该场所。

小 c 按时间顺序列出接下来的 n 项出行计划，其中第 i（$1 < i < n$）项可以概括为：

t 时刻进入某场所，该场所需持有 i 个单位时间内的检测结果入内，其中 $0 < C_j < 2 * 10^5$。为了合理安排检测时间，试根据小 C 的出行计划，回答如下查询：

如果在 q 时刻做了检测，有多少项出行计划的检测要求可以得到满足？这样的查询共有 m 个，分别为 q1，q2，…，qm；查询之间互不影响。

40% 的测试数据满足 $0 < n, k \leqslant 1000, m = 1$。

70% 的测试数据满足 $0 < n, m, k \leqslant 1000$。

全部的测试数据满足 $0 < n, m, k \leqslant 10^5$。

输入：

输入的第一行包含空格分隔的 3 个正整数 n，m 和 k，分别表示出行计划数目、查询个数，以及等待检测结果所需时间。

接下来输入 n 行，其中每行包含用空格分隔的两个正整数 t，c，表示一项出行计划；出行计划按时间顺序给出，满足 $0 < t1 \leqslant t2 \leqslant \leqslant tn \leqslant 2 * 10^5$。

最后输入 m 行，每行仅包含一个正整数 qi，表示一个查询。m 个查询亦按照时间顺序给出，满足 $0 < q < q2 < .. < qm \leqslant 2 * 10^5$。

输出：

输出共 m 行，每行一个整数，表示对应查询的答案。

输入样例：

6 2 10

5 24

10 24

11 24

34 24

35 24

35 48

1

2

输出格式：

3

3

分析：

此题是 CSP 认证考试的第二道题，仔细分析这道题目之后，发现此题可以通过差分来巧妙解决，如果对差分算法不太熟悉可能会写成树状数组而变得复杂。分析题意知道检测需要时间来出结果，而这个时间是固定的，即无论何时做检测都得加上此时间，而检测有效的时间是灵活的，通过这个时间来构造差分序列就能拟合题意，得出各个时间点能满足的地点的数量，而在具体处理时对于时间区间的左右端点还需注意范围。

代码：

```cpp
#include <bits/stdc++.h>

using namespace std;

const int N = 100050;
int n,m,k;
int t,c;
int q;
long long a[200050];
int main()
{
    scanf("%d %d %d",&n,&m,&k);
    for(int i=1;i<=n;i++)
    {
        scanf("%d %d",&t,&c);
        int l = max(t-c-k+1,1);
        int r = max(1,t-k);
        if(t-k>0)
        {
            a[l] += 1;
            a[r+1] -= 1;
```

```
    }
  }
  for( int i = 0;i < = 200005;i + + )
    a[ i] + = a[ i - 1] ;
  for( int i = 1;i < = m;i + + )
  {
    scanf( " % d" ,&q) ;
    printf( " % lld\n" ,a[ q] ) ;
  }
  return 0;
}
```

例 8.7 非零和划分(CSP 202109 - 02) A1，A2，…，An 是一个由 n 个自然数(非负整数)组成的数组。我们称其中 Ai…Aj 是一个非零段，当且仅当以下条件同时满足：

$1 < i \leqslant j \leqslant n$。

对于任意的整数 k,若 $i \leqslant k \leqslant j$,则 $A_k > 0$。

$i = 1$ 或 $A_{i-1} = 0$。

$j = n$ 或 $A_{j+1} = 0$。

下面展示了几个简单的例子：

A = [3,1,2,0,0,2,0,4,5,0,2]中的 4 个非零段依次为[3,1,2]，[2]，[4,5]和[2]。

A = [2,3,1,4,5]仅有 1 个非零段。

A = [0,0,0]则不含非零段(即非零段个数为 0)。

现在我们可以对数组 A 进行如下操作:任选一个正整数 p，然后将 A 中所有小于 p 的数都变为 0。试选取一个合适的 p,使得数组 A 中的非零段个数达到最大。若输入的 A 所含非零段数已达最大值,可取 p = 1,即不对 A 做任何修改。

70% 的测试数据满足 $n \leqslant 1000$。

全部的测试数据满足 $n \leqslant 5 \times 10^5$,且数组 A 中的每一个数均不超过 10^4。

输入：

从标准输入读入数据。

输入的第一行包含一个正整数 n。

输入的第二行包含 n 个用空格分隔的自然数 A1,A2,…,An。

输出：

输出到标准输出。

仅输出一个整数,表示对数组 A 进行操作后,其非零段个数能达到的最大值。

输入样例:

11

3 1 2 0 0 2 0 4 5 0 2

输出样例:

5

分析:

此题同样是 CSP 认证考试的第二题,近年来 CSP 认证考试中多次出现前缀和与差分算法,所以对于本章所涉及知识点读者应该熟练掌握。本题题意较为简单很容易想到通过暴力枚举来求出 P 的值,但由于数据范围,暴力只能得到 70 分。但注意到数据范围与上题一样,稍微转换一下就是一个一维差分问题,通过每个山峰的高度来维护差分序列,即可得知每个高度所穿过的山峰数量,需要注意题目是小于 P 值变成平地,所以差分时需要加 1,最后来求出最大数量即可。

代码:

```cpp
#include <bits/stdc++.h>

using namespace std;

const int N = 500050;
int n, ans;
int a[N], s[N];

int main()
{
    scanf("%d", &n);
    for(int i = 1; i <= n; i++)
    {
        scanf("%d", &a[i]);
    }
    for(int i = 1; i <= n; i++)
    {
        if(a[i] > a[i-1])
```

```
    {
        s[a[i-1]+1] + =1;
        s[a[i]+1] - =1;
    }
}
for( int i = 1; i < = 1e4; i + + )
{
    s[i] + = s[i-1];
    ans = max( ans, s[i] );
}
printf( "%d\n", ans );
return 0;
}
```

8.5　作　　业

1. Decrease（洛谷 P6070. https://www.luogu.com.cn/problem/P6070）

2. 语文成绩（洛谷 P2367. https://www.luogu.com.cn/problem/P2367）

3. 家庭菜园（洛谷 P7404. https://www.luogu.com.cn/problem/P7404）

4. IncDec Sequence（洛谷 P4552. https://www.luogu.com.cn/problem/P4552）

5. 海底高铁（洛谷 P34006. https://www.luogu.com.cn/problem/P3406）

6. Fill In（洛谷 P8278. https://www.luogu.com.cn/problem/P8278）

第 9 章　线段树

9.1　引　言

在信息学竞赛中,经常会碰到一些跟区间有关的问题,比如给一些区间线段求并区间的长度,或者并区间的个数,等等。这些问题的描述都非常简单,但是通常情况下数据范围会非常大,而朴素方法的时间复杂度过高,导致不能在规定时间内得到问题的解。这时,需要一种高效的数据结构来处理这样的问题。

9.2　线段树的引入

线段树是一种基于分治思想的数据结构。分治,分而治之。把问题实例划分成子实例,并分别递归地解决每个子实例,再把子实例的解组合起来。比如,二分查找。

线段树是一种二叉树形结构,操作都是递归实现的。

特点:将线段组织成树,在树中对线段进行处理。

9.3　线段树的基本结构及特点

图 9.1 是对线段[1,10)建立的一棵线段树基本结构。

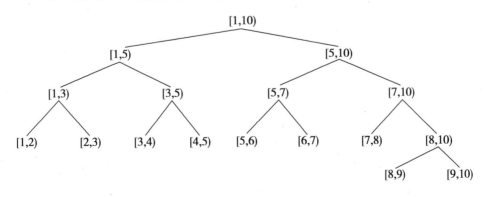

图 9.1

（1）每个节点都是一个[a,b)的区间,根节点代表了整个所要处理的区间。

（2）对于每个非叶节点[a,b),令 mid = (a + b)/2,则其左右儿子节点代表的区间为[a,mid),[mid,b)。

（3）二叉的组织结构。

（4）线段树是一个平衡树,树的高度为 log N。

（5）线段树把区间上的任意一条长度为 L 的线段都分成不超过 2log L 条线段的并。

（6）任两个结点要么是包含关系,要么没有公共部分,不可能部分重叠,每层节点的区间并即为全体区间。

9.4　线段树的具体实现

9.4.1　存储方式

线段树是一个树形结构,其上的信息都是保存在树的节点中。用结构体的方式建立节点,一个节点的基本结构如下:

struct node

{

　　int left,right,mid;

};

其中 left 和 right 分别代表该节点所表示线段的左、右端点,即当前节点所表示的线段为[left,right)。而 mid = (left + right)/2,为当前线段的中点。

这只是基本结构,在具体解题中,需要在节点中添加其他数据域保存信息。

堆式存储的特点:

(1)N 的左儿子是 2N。

(2)N 的右儿子是 2N + 1。

(3)N 的父亲是 N/1。

9.4.2　线段树的建树操作

结构体数组保存线段树,根节点下标为 1。对于非叶节点 num,其左右子节点下标分别为 2 * num 和 2 * num + 1。

node seg_tree[3 * MAXN];

//由线段树的性质可知,建树需要的空间大概是所需要处理的最长线段的两倍多,所以

需要开 3 倍大小的数组

```
void make(int l,int r,int num)
{
    seg_tree[num].left = l;
    seg_tree[num].right = r;
    seg_tree[num].mid = (l + r)/2;
    if(l + 1! = r)return;
    make(l,seg_tree[num].mid,2 * num);
    make(seg_tree[num].mid,r,2 * num + 1);
}
```

9.4.3 线段树的插入操作

为了记录节点中的线段是否被完全覆盖过,需要在节点中添加一个数据域 cover。若 cover 为 1 则表示此条线段已经被完全覆盖过,否则未被覆盖。

插入操作的代码:

```
void insert(int l,int r,int num)
{
//l,r 分别为插入当前节点线段的左、右端点,num 为节点在数组中的编号
    if(seg_tree[num].left = = l&& seg_tree[num].right = = r)
    {
//若插入的线段完全覆盖当前所表示的线段
        seg_tree[num].cover = 1;
        return;
    }
    f(r < = seg_tree[num].mid)
//当前节点的左子节点所代表的线段完全包含插入的节点
        insert(l,r,2 * num);
    else if(l > = seg_tree[num].mid)
//当前节点的右子节点所代表的线段完全包含插入的节点
        insert(l,r,2 * num + 1);
    else {
//插入线段跨越当前节点所表示的中点
```

```
    insert(l,seg_tree[num].mid,2 * num);

    insert(seg_tree[num].mid,r,2 * num + 1);

  }

}
```

9.4.4　线段树的删除操作

同样采用递归的方法对线段进行删除,如果当前节点所代表的线段未被覆盖,则递归进入此节点的左右子节点进行删除。否则要考虑以下两种情况。一种情况是删除的线段完全覆盖当前节点所代表的线段,则将当前节点的 cover 值置 0。应该递归地在当前节点的子树上所有节点删除线段。另一种情况是删除的线段未完全覆盖当前节点所代表的线段,通常采用的方法是,将当前节点的 cover 置 0,并将其左右子节点的 cover 置 1,然后递归地进入左右子节点进行删除。

删除操作的代码:

```
void del(int l,int r,int num)

{

  if(seg_tree[num].left = = l&&seg_tree[num].right = = r)

  {

    seg_tree[num].cover = 0;

    return;

  }

  if(seg_tree[num].cover)

  {

    seg_tree[num * 2].cover = 1;

    seg_tree[num * 2 + 1].cover = 1;

    seg_tree[num] = 0;

  }

  if(r < = seg_tree[num].mid)

    del(l,r,2 * num);

  else if(l > = seg_tree[num].mid)

    del(l,r,2 * num + 1);

  else {

    del(l,seg_tree[num].mid,2 * num);
```

```
        del(seg_tree[num].mid,r,2 * num +1);
    }
}
```

9.4.5　线段树的统计操作

对应不同的问题,线段树会统计不同的数据,比如线段覆盖的长度,线段覆盖连续区间的个数,等等,其实现思路不尽相同。

一般来说,统计都是在区间中进行的,所以依然需要采用递归的方式进行统计。

```
int cal(int num)
{
    if(seg_tree[num].cover)
        return seg_tree[num].right - seg_tree[num].left +1;
    if(seg_tree[num].left +1 == seg_tree[num].right)
        return 0;
    return cal(2 * num) + cal(2 * num +1);
}
```

9.5　例题解析

例 9.1　敌兵布阵(hdu 1166)

C 国的敌对国 A 国这段时间正在进行军事演习,所以 C 国头领 Derek 和他手下 Tidy 又开始忙了。A 国在海岸线沿直线布置了 N 个工兵营地,Derek 和 Tidy 的任务就是要监视这些工兵营地的活动情况。由于采取了某种先进的监测手段,所以 C 国对 A 国每个工兵营地的人数国都掌握得一清二楚,每个工兵营地的人数都有可能发生变动,可能增加或减少若干人,但这些都逃不过 C 国的监视。

C 国要研究敌人究竟演习什么战术,所以 Tidy 要随时向 Derek 汇报某一段连续的工兵营地一共有多少人,例如 Derek 问:"Tidy,马上汇报第 3 个营地到第 10 个营地共有多少人!"Tidy 就要马上开始计算这一段的总人数并汇报。但敌兵营地的人数经常变动,而 Derek 每次询问的段都不一样,所以 Tidy 不得不每次都一个营一个营地去数,很快就精疲力尽了,Derek 对 Tidy 的计算速度越来越不满:"你算得这么慢,我炒你鱿鱼!"Tidy 想:"你自己来算算看,这可真是一项累人的工作!我恨不得你炒我鱿鱼呢!"无奈之下,Tidy 只好打电话向计算机专家 Windbreaker 求救,Windbreaker 说:"叫你平时做多点 ACM 题和多看点算法书,现在尝到苦果了吧!" Tidy 说:"我知错了……"但 Windbreaker 已经挂掉电话了。Tidy 很苦恼,这么算他真的会崩溃的,聪明的读者,你能写个程序帮他完成这项工作吗?不过如果你的程序效率不够高,Tidy 还是会受到 Derek 的责骂的。

输入:

第一行一个整数 T,表示有 T 组数据。

每组数据第一行一个正整数 N(N <= 50000),表示敌人有 N 个工兵营地,接下来有 N 个正整数,第 i 个正整数 a_i 代表第 i 个工兵营地里开始时有 a_i 个人(1 <= a_i <= 50)。

接下来每行有一条命令,命令有 4 种形式:

(1)Add i j,i 和 j 为正整数,表示第 i 个营地增加 j 个人(j 不超过 30)。

(2)Sub i j,i 和 j 为正整数,表示第 i 个营地减少 j 个人(j 不超过 30)。

(3)Query i j,i 和 j 为正整数,i <= j,表示询问第 i 到第 j 个营地的总人数。

(4)End 表示结束,这条命令在每组数据最后出现。

每组数据最多有 40000 条命令。

输出:

对第 i 组数据,首先输出"Case i:"和回车。

对于每个 Query 询问,输出一个整数并回车,表示询问的段中的总人数,这个数保持在 int 以内。

输入样例:

1

10

1 2 3 4 5 6 7 8 9 10

Query 1 3

Add 3 6

Query 2 7

Sub 10 2

Add 6 3

Query 3 10

End

输出样例:

Case 1:

6

33

59

分析：

这道题的数据量很大，如果暴力搜索每次操作的时间复杂度是 O(n)，由于有 50000 次操作，肯定会超时。这时就要用线段树来做，每次操作的时间复杂度是(log n)。

代码：

```cpp
include  < iostream >
#include  < cstdio >
#include  < cmath >
#include  < cstring >
#include  < algorithm >


#define N 50005
using namespace std;


int num[N];
struct Tree
{
    int l; //左端点
    int r; //右端点
    int sum; //总数
} tree[N * 4]; // 总线段的长度为 N,开数组的话一般开到 N 的四倍


void build( int root,int l,int r)// root 表示根节点,它的区间范围[l,r]
{
    tree[root].l = l;
    tree[root].r = r;
    if( tree[root].l = = tree[root].r)// 当左、右端点相等时就是叶子节点
    {
        tree[root].sum = num[l];     // 赋初值
        return;                       // 递归出口
    }
}
```

```
    int mid = (l + r)/2;
    build(root < <1,l,mid);                    // k < <1 相等于 k * 2,即他的左孩子
    build(root < <1|1,mid + 1,r);              // k < <1|1 相当于 k * 2 + 1,即他的右孩子
    tree[root].sum = tree[root < <1].sum + tree[root < <1|1].sum;
                                    // 父亲的 sum = 左孩子的 sum + 右孩子的 sum
}


void update(int root,int pos,int val)// root 是根节点,pos,val 表示:要更新,在 pos 点出
                     的值更新为 val
{
    if(tree[root].l = = tree[root].r)// 如果是叶子节点,即是 pos 对应的位置
    {
        tree[root].sum = val; // 更新操作
        return; // 递归出口
    }
    int mid = (tree[root].l + tree[root].r)/2;
    if(pos < = mid)// 如果 pos 点是在 root 对应的左孩子,就调用 update(k < <1,pos,
                     val);在左孩子里找
        update(root < <1,pos,val);
    else
        update(root < <1|1,pos,val);
    tree[root].sum = tree[root < <1].sum + tree[root < <1|1].sum;
                                    // 父亲的 sum = 左孩子的 sum + 右孩子的 sum
}


int query(int root,int L,int R)// root 表示根节点,[L,R]表示要查询的区间
{
    if(L < = tree[root].l&&R > = tree[root].r)// [L,R]要查询的区间包含 root 节点表
示的区间直接返回 root 节点的 sum 值
        return tree[root].sum;
    int mid = (tree[root].l + tree[root].r)/2,ret = 0;
    if(L < = mid)ret + = query(root < <1,L,R); // 查询 root 节点的左孩子
```

```
        if(R > mid)ret + = query(root < <1|1,L,R); // 查询 root 节点的右孩子
        return ret; // 返回
    }
    int main()
    {
        int ca,cas = 1,n,Q,a,b;
        char str[10];
        scanf("%d",&ca);
        while(ca − −)
        {
            scanf("%d",&n);

            for(int i = 1; i < = n; i + +)
                scanf("%d",&num[i]); // 表示在 i 点的兵力数量

            build(1,1,N); // 构造线段树根节点 1,表示的区间范围[1,N]
            printf("Case %d:\n",cas + +);

            while(scanf("%s",str),strcmp(str,"End"))
            {
                scanf("%d%d",&a,&b);
                if(strcmp(str,"Query") = = 0)
                {
                    if(a > b)swap(a,b); // 查询的区间[a,b]
                    printf("%d\n",query(1,a,b)); //输出查询结果
                }
                else if(strcmp(str,"Add") = = 0)
                {
                    num[a] = num[a] + b;
                    update(1,a,num[a]); // 跟新 a 点值为 num[a]
                }
                else if(strcmp(str,"Sub") = = 0)
```

```
        {
            num[a] = num[a] - b;
            update(1,a,num[a]);
        }
    }
}
return 0;
}
```

例 9.2 I hate it(hdu 1754) 很多学校的老师们很喜欢询问从某某到某某当中,分数最高的是多少。现在需要你做的是按照老师的要求,写一个程序,模拟老师的询问。当然,老师有时候需要更新某位同学的成绩。

输入:

本题目包含多组测试,请处理到文件结束。

在每个测试的第一行,有两个正整数 N 和 M(0 < N < = 200000,0 < M < 5000),分别代表学生的数目和操作的数目。

学生 ID 编号分别从 1 编到 N。

第二行包含 N 个整数,代表这 N 个学生的初始成绩,其中第 i 个数代表 ID 为 i 的学生的成绩。

接下来有 M 行。每一行有一个字符 C(只取'Q'或'U'),和两个正整数 A,B。

当 C 为'Q'的时候,表示这是一条询问操作,它询问 ID 从 A 到 B(包括 A,B)的学生当中,成绩最高的是多少。

当 C 为'U'的时候,表示这是一条更新操作,要求把 ID 为 A 的学生的成绩更改为 B。

输出:

对于每一次询问操作,在一行里面输出最高成绩。

输入样例:

5 6

1 2 3 4 5

Q 1 5

U 3 6

Q 3 4

Q 4 5

U 2 9

Q 1 5

输出样例:

5

6

5

9

分析:

跟上一题差不多,稍微不同的是上一题是每个节点保存的和值,这题要保存的是该节点所表示的区间的最大值。

代码:

```cpp
#include <iostream>
#include <cstdio>
#include <cmath>
#include <cstring>
#include <algorithm>

using namespace std;

inline int Max(int a, int b)
{
    return a > b? a : b;
}
const int MAXN = 200001; // 区间范围
struct
{
    int l, r, m; // l左端点,r右端点,m为该区间的最大分数
} nod[MAXN * 4];
int a[MAXN];

void creat(int t, int l, int r)
{
    nod[t].l = l, nod[t].r = r;
```

```cpp
    if(l = = r)// 叶子节点
    {
        nod[t].m = a[l];
        return; //递归出口
    }
    int m = (l + r)/ 2;
    creat(t * 2, l, m), creat(t * 2 + 1, m + 1, r); // 左孩子
    nod[t].m = Max(nod[t * 2].m, nod[t * 2 + 1].m); // 右孩子
}
void update(int t, int n, int v)// 把 n 点的值更新为 v
{
    if(nod[t].l = = nod[t].r && nod[t].l = = n)
    {
        nod[t].m = v;
        return;
    }
    if(n  < = nod[t * 2].r) update(t * 2, n, v);
    else update(t * 2 + 1, n, v);
    nod[t].m = Max(nod[t * 2].m, nod[t * 2 + 1].m);
}


int query(int t, int l, int r)// 查询 t 节点在[l,r]区间范围的最大值
{
    if(l = = nod[t].l && r = = nod[t].r) return nod[t].m;
    int s;
    if(r  < = nod[t * 2].r) s = query(t * 2, l, r);
    else if(l  > = nod[t * 2 + 1].l) s = query(t * 2 + 1, l, r);
else s = Max(query(t * 2, l, nod[t * 2].r), query(t * 2 + 1, nod[t * 2 + 1].l, r));
return s;
}


int main( )
```

```
{
    int n, m, i, x1, x2;
    char s[2];
    while(scanf("%d%d", &n, &m)! = EOF)
    {
        for(i = 1; i < = n; i + + ) scanf("%d", &a[i]);
        creat(1, 1, n); // 根节点标号为 1,区间为[1,n]
        while(m - - )
        {
            scanf("%s%d%d", s, &x1, &x2);
            if(s[0] = = 'Q') printf("%d\n", query(1, x1, x2)); // 查询
            else update(1, x1, x2); // 更新
        }
    }
    return 0;
}
```

例 9.3　Billboard(hdu 2795)

At the entrance to the university, there is a huge rectangular billboard of size h ∗ w(h is its height and w is its width). The board is the place where all possible announcements are posted: nearest programming competitions, changes in the dining room menu, and other important information.

On September 1, the billboard was empty. One by one, the announcements started being put on the billboard.

Each announcement is a stripe of paper of unit height. More specifically, the i – th announcement is a rectangle of size 1 ∗ wi.

When someone puts a new announcement on the billboard, she would always choose the topmost possible position for the announcement. Among all possible topmost positions she would always choose the leftmost one.

If there is no valid location for a new announcement, it is not put on the billboard(that's why some programming contests have no participants from this university).

Given the sizes of the billboard and the announcements, your task is to find the numbers of rows in which the announcements are placed.

输入：

There are multiple cases(no more than 40 cases). The first line of the input file contains three integer numbers, h, w, and $n(1 <= h, w <= 10^9; 1 <= n <= 200,000)$ – the dimensions of the billboard and the number of announcements. Each of the next n lines contains an integer number $wi(1 <= wi <= 10^9)$ – the width of i – th announcement.

输出：

For each announcement(in the order they are given in the input file) output one number – the number of the row in which this announcement is placed. Rows are numbered from 1 to h, starting with the top row. If an announcement can't be put on the billboard, output " – 1" for this announcement.

输入样例：

3 5 5

2

4

3

3

3

输出样例：

1

2

1

3

– 1

分析：

题目大意是给一个 h * w 的公告牌, h 是高度, w 是宽度, 一个单位高度 1 为一行, 然后会有一些公告贴上去, 公告是 1 * wi 大小的长纸条, 优先贴在最上面并且最左边的位置, 如果没有空间贴得下, 就输出 –1, 可以的话, 就输出所贴的位置(第几行)。

叶节点[x,x]表示 board 的第 x 行还可以放置的长度, 区间[a,b]表示第 a 行到 b 行中剩下空间最大的那一行是多少, 如果要把长 w 的公告放入 board 时就是 update, 优先往左子树走(如果左子树的空间足够), 一直走到叶节点, 更新这个叶节点剩下的长度, 然后再向上更新。

代码：

```cpp
#include <iostream>
#include <cstdio>

using namespace std;
const int maxn = 200010;
int w;
struct Node
{
    int l, r, mid;
    int max;
} d[maxn * 3];
void build(int L, int R, int rt)
{
    d[rt].l = L;
    d[rt].r = R;
    d[rt].mid = (L + R)/2;
    d[rt].max = w;
    if(L == R) return;
    build(L, (L + R)/2, rt * 2);
    build((L + R)/2 + 1, R, rt * 2 + 1);
}
int update(int board, int rt)
{
    if(d[rt].l == d[rt].r)
    {
        d[rt].max -= board;
        return d[rt].l;
    }
    int ret;
    if(d[rt * 2].max >= board) ret = update(board, rt * 2);
    else ret = update(board, rt * 2 + 1);
```

```
        d[rt].max = max(d[rt*2].max,d[rt*2+1].max);

        return ret;

   }

   int main()

   {

        int h,n,board;

        while(scanf("%d%d%d",&h,&w,&n) == 3)

        {

            build(1,min(h,n),1);

            while(n--)

            {

                scanf("%d",&board);

                if(d[1].max < board)printf("-1\n");

                else printf("%d\n",update(board,1));

            }

        }

        return 0;

   }
```

例 9.4 数据区间查询 – 线段树

有 $N(1 < =N < =1e5)$ 个正整数,然后有多组询问,或者更新修改一个值,或者计算区间的最小值。

输入:

输入一个 N 和 $T(1 < =T < =100)$,T 表示询问的组数。

接下来是 N 个正整数。

然后是 T 组询问,每组询问有 3 个数 x,y,z。

当 $x=1$ 时,表示把第 y 个值更新为 z。

当 $x=2$ 时,表示查询 $[y,z]$ 区间的最小值。

输出:

输出查询的最小值

输入样例:

5 2

1 2 3 4 5

1　2　7

2　2　4

输出样例:

3

分析:

线段树的模板题

代码:

```
#include <bits/stdc++.h>
using namespace std;
const int N = 1e5 + 1;
const int inf = 0x3f3f3f3f;
int a[4 * N];
int update(int k, int l, int r, int x, int v)
{
    if(x > r || x < l) return 0;
    if(l == r && l == x)
    {
        a[k] = v;
        return 0;
    }
    int mid = (l + r) / 2;
    update(2 * k, l, mid, x, v);
    update(2 * k + 1, mid + 1, r, x, v);
    a[k] = min(a[2 * k], a[2 * k + 1]);
    return 0;
}
int query(int k, int l, int r, int x, int y)
{
    if(r < x || y < l) return inf;
    if(l >= x && r <= y) return a[k];
    int mid = (l + r) / 2;
    int ans1 = query(2 * k, l, mid, x, y);
```

```
    int ans2 = query(2 * k + 1, mid + 1, r, x, y);
    return min(ans1, ans2);
}
int main()
{
    ios::sync_with_stdio(0);
    //init();
    // freopen("data3.in", "r", stdin);
    //freopen("data3.out", "w", stdout);
    int n, t, w;
    int x, y, z, ans;
    cin >> n >> t;
    for(int i = 1; i <= n; i++)
    {
        cin >> w;
        update(1, 1, n, i, w);
    }
    for(int i = 1; i <= t; i++)
    {
        cin >> x >> y >> z;
        if(x == 1)
        update(1, 1, n, y, z);
        else
        {
            ans = query(1, 1, n, y, z);
            cout << ans << endl;
        }
    }
    return 0;
}
```

例9.5　区间求和 – 线段树

有一个序列包含 n 个正整数,现在有 m 次询问,每次询问为:求(L,R)的区间中小于等于 K 的数的和?

输入:

输入包含多组数据。每组数据,第一行为 n,表示这个整数序列长为 n(1 < = n < = 1e5)。第二行输入整数序列 x1,x2,…,xn(1 < = xi < = 1e9)。第三行输入 m(1 < = m < = 1e5)。接下来 m 行,每行输入 L,R,K(1 < = L < = R < = n,0 < = K < = 1e9)。

输出:

每组数据首先输出"Case #x:",x 从 1 开始,然后 m 行输出每次询问的结果,具体格式请参考样例。

输入样例:

6

2 5 3 4 7 6

3

2 5 4

3 6 5

1 4 3

输出样例:

Case #1:

7

7

5

分析:

线段树经典题目

代码:

```
#include <iostream>
#include <algorithm>
#include <cstdio>
#include <cstring>
#include <map>
using namespace std;
typedef long long LL;
const int maxn = 1e5 + 5;
struct node
```

```
{
    int l,r;
    LL v;
} tree[maxn * 40],qs[maxn];
int t[maxn], tot;
LL a[maxn],b[2 * maxn];
map < LL,int > mp;

int build(int l,int r)
{
    int ii = tot + + ;
    tree[ii].v = 0;
    if(l < r)
    {
        int mid = (l + r) > > 1;
        tree[ii].l = build(l,mid);
        tree[ii].r = build(mid + 1,r);
    }
    return ii;
}

int update(int now,int l,int r,int x,LL y)
{
    int ii = tot + + ;
    tree[ii].v = tree[now].v + y;
    tree[ii].l = tree[now].l;
    tree[ii].r = tree[now].r;
    if(l < r)
    {
        int mid = (l + r) > > 1;
        if(x < = mid) tree[ii].l = update(tree[now].l,l,mid,x,y);
        else tree[ii].r = update(tree[now].r,mid + 1,r,x,y);
```

```
    }
    return ii;
}


LL query(int pre,int now,int l,int r,int K)
{
    if(r < = K) return tree[now].v - tree[pre].v;
    int mid = (l + r) > > 1;
    LL sum = 0;
    if(K > mid) sum + = query(tree[pre].r,tree[now].r,mid + 1,r,K);
    sum + = query(tree[pre].l,tree[now].l,l,mid,K);
    return sum;
}


int main()
{
    //freopen("in.txt","r",stdin);
    //freopen("out.txt","w",stdout);
    int n,m,Case = 1;
    while(scanf("%d",&n)! = EOF)
    {
        mp.clear();
        for(int i = 1;i < = n;i + +) scanf("%lld",&a[i]), b[i] = a[i];
        scanf("%d",&m);
        for(int i = 1;i < = m;i + +)
        {
            scanf("%d%d%lld",&qs[i].l,&qs[i].r,&qs[i].v);
            b[n + i] = qs[i].v;
        }
        sort(b + 1,b + n + m + 1);
        int tp = 1;
        mp[b[1]] = 1;
```

```
    for( int i = 2; i < = n + m; i + + )
    {
        if( b[i]! = b[i-1] )mp[b[i]] = + + tp;
    }
    tot = 0;
    t[0] = build(1, n + m);
    for( int i = 1; i < = n; i + + )
    {
        t[i] = update(t[i-1], 1, n + m, mp[a[i]], a[i]);
    }
    printf( "Case #%d:\n", Case + + );
    for( int i = 1; i < = m; i + + )
    {
        printf( "%lld\n", query(t[qs[i].l-1], t[qs[i].r], 1, n + m, mp[qs[i].v]));
    }
}
return 0;
}
```

例 9.6　快乐的雨季 – 线段树

六月到来,长江流域进入了雨季,在长江流域有一个小镇,这个小镇上的百姓都住在一条直线上,共有 n 户人家,编号为 1~n,在直线上按编号依次坐落。进入雨季来,这个小镇共下了 q 次雨,每次下雨覆盖范围是一个连续的区间(L,R),表示编号为 L 至 R 的家庭位于降雨区,降雨量为 x。镇长非常关心雨后受灾问题,于是每场雨后他想知道该场雨降雨区的家庭自进入雨季以来总的降水量,你能帮帮他吗?

输入:

多组数据输入。

每组数据的第一行 n,q($1 < = n, q < = 1e5$)表示该小镇共有 n 户人家,共下了 q 场雨。

接下来 q 行,每行 3 个整数 L,R,x($1 < = L < = R < = n, 1 < = x < = 10000$)表示该场雨覆盖范围和降雨量。

输出:

每场雨后输出降雨区总的降水量(自进入雨季来总的降水量,包括该场雨)。

输入样例:

6　4

2　5　10

3　6　7

1　6　102

4　5　57

输出样例：

40

58

680

352

代码：

```
#include < iostream >
#include < algorithm >
#include < cstdio >
#include < cstring >
using namespace std;
typedef long long LL;
const int N = 1e5 + 5;
struct Node
{
    LL x;
    LL flag;
} node[4 * N];
void pushdown(int i, int l, int mid, int r)
{
    if(node[i].flag! = 0)
    {
        LL y = node[i].flag;
        node[i < < 1].flag + = y;
        node[i < < 1|1].flag + = y;
        node[i < < 1].x + = (mid - l + 1) * y;
        node[i < < 1|1].x + = (r - mid) * y;
```

```
            node[i].flag = 0;
        }
    }
    LL update(int l,int r,int L,int R,int i,LL x)
    {
        if(L < = l&&r < = R)
        {
            node[i].flag + = x;
            node[i].x + = (LL)(r - l + 1) * x;
            return node[i].x;
        }
        int mid = (l + r)/2;
        pushdown(i,l,mid,r);
        LL ans = 0;
        if(L < = mid)ans + = update(l,mid,L,R,i < < 1,x);
        if(mid < R)ans + = update(mid + 1,r,L,R,i < < 1|1,x);
        node[i].x = node[i < < 1].x + node[i < < 1|1].x;
        return ans;
    }
    void init( )
    {
        memset(node,0,sizeof(node));
    }
    int main( )
    {
        //freopen("data. in","r",stdin);
        //freopen("data. out","w",stdout);
        int n,q;
        while(scanf("% d% d",&n,&q)! = EOF)
        {
            init( );
            while(q - - )
```

```
    {
        int L,R;
        LL x; scanf("%d%d%lld",&L,&R,&x);
        LL ans = update(1,n,L,R,1,x);
        printf("%lld\n",ans);
        }
    }
    return 0;
}
```

例9.7 游历各国－线段树(BZOJ 3211, loj10128,信息学奥赛一本通)

小明喜欢游历各国,小明有一条游览路线,它是线型的,也就是说,所有游历国家呈一条线的形状排列,小明对每个国家都有一个喜欢程度(当然小明并不一定喜欢所有国家)。

每一次旅行中,小明会选择一条旅游路线,它在那一串国家中是连续的一段,这次旅行带来的开心值是这些国家的喜欢度的总和,当然小明对这些国家的喜欢程度并不是恒定的,有时会突然对某些国家产生反感,使他对这些国家的喜欢度由 t 变为 sqrt(t)。现在给出小明每次的旅行路线,以及开心度的变化,请求出小明每次旅行的开心值。

输入:

一行是一个整数 N,表示有 N 个国家。

第二行是有 N 个空格隔开的整数,表示每个国家的初始喜欢度 ti。

第三行是一个整数 M,表示有 M 条信息要处理。

第四行到最后,每行三个整数 x,l,r,当 x = 1 时询问游历国家 l 到 r 的开心值总和,当 x = 2时国家 l 到 r 中每个国家的喜欢度由 ti 变成 sqrt(ti)。

输出:

每次 x = 1 时,每行一个整数。表示这次旅行的开心度。

输入样例:

4

1 100 5 5

5

1 1 2

2 1 2

1 1 2

2 2 3

1 1 4

输出样例：

101

11

11

代码：

```
#include <iostream>
#include <stdio.h>
#include <math.h>
using namespace std;
typedef long long LL;
const int N = 4e+5;
LL sum[N],tag[N];
int a[N],n,m;
int add(int k,int l,int r,int v)
{
    tag[k] += v;
    sum[k] += (r-l+1)*v;
}
int pushdown(int k,int l,int r,int mid)
{
    if(tag[k] == 0)return 0;
    add(2*k,l,mid,tag[k]);
    add(2*k+1,mid+1,r,tag[k]);
    tag[k] = 0;
}
int modify(int k,int l,int r,int i)
{   if(i>r||i<l)return 0;
    if(l == r&&l == i)
    {
        sum[k] = (int)sqrt(sum[k]*1.0);
        if(sum[k] == 1)tag[k] = 1;
```

```
        return 0;
    }
    int mid = (l + r)/2;
    modify(2 * k,l,mid,i);
    modify(2 * k + 1,mid + 1,r,i);
    sum[k] = sum[2 * k] + sum[2 * k + 1];
    if(tag[2 * k] = = 1&&tag[2 * k + 1] = = 1)
    tag[k] = 1;
}
LL query(int k,int l,int r,int x,int y)
{
    if(l > = x&&r < = y)
    {
        return sum[k];
    }
    int mid = (l + r)/2;
    LL res = 0;
    if(x < = mid)res = query(2 * k,l,mid,x,y);
    if(y > mid)res + = query(2 * k + 1,mid + 1,r,x,y);
    return res;
}
LL update(int k,int l,int r,int x,int y)
{   if(l > = x&&r < = y&&tag[k] = = 1)
    return 0;
    if(l > = x&&r < = y&&tag[k] = = 0)
    {
        for(int i = l;i < = r;i + + )
            modify(1,1,n,i);
        return 0;
    }
    int mid = (r + l)/2;
    if(x < = mid)update(2 * k,l,mid,x,y);
```

```
        if(y > mid)update(2 * k + 1,mid + 1,r,x,y);
        if(tag[2 * k] = = 1&&tag[2 * k + 1] = = 1)tag[k] = 1;
    }
int build(int k,int l,int r)
{    //if(i > r||i < l)return 0;
    if(l = = r)
    {
        sum[k] = a[l];
    if(a[l] < = 1)tag[k] = 1;
        return 0;
    }
    int mid = (r + l)/2;
    build(2 * k,l,mid);
    build(2 * k + 1,mid + 1,r);
    sum[k] = sum[2 * k] + sum[2 * k + 1];
//  tag[k] = tag[2 * k]&tag[2 * k + 1];
}
int main( )
{ int t,x,y;
scanf("% d",&n);
for(int i = 1;i < = n;i + + )
    scanf("% d",&a[i]);
    build(1,1,n);
scanf("% d",&m);
LL ans = 0;
for(int i = 1;i < = m;i + + )
{
    scanf("% d% d% d",&t,&x,&y);
    if(t = = 1)
    {
        ans = query(1,1,n,x,y);
        printf("% lld\n",ans);
```

```
    }
  if(t = =2)
    update(1,1,n,x,y);
}
  //cout < < "Hello world!" < < endl;
  return 0;
}
```

例 9.8　维护序列 – 线段树(AHOI 2009,Bzoj1798,loj10129 信息学奥赛一本通)

老师交给小可可一个维护数列的任务,现在小可可希望你来帮他完成。

有长为 n 的数列,不妨设为 a1,a2,…,an,有如下三种操作形式:

把数列中的一段数全部乘一个值。

把数列中的一段数全部加一个值。

询问数列中的一段数的和,由于答案可能很大,你只需输出这个数模 P 的值。

输入:

第一行两个整数 n 和 P。

第二行含有 n 个非负整数,从左到右依次为 a1,a2,…,an。

第三行有一个整数 M,表示操作总数。

从第四行开始每行描述一个操作,输入的操作有以下三种形式:

1 t g c,把区间[t,g]都乘以 c。

2 t g c,把区间[t,g]都加上 c。

3 t g,计算[t,g]的区间和,并 mod P。

输出:

对每个操作 3,按照它在输入中出现的顺序,依次输出一行一个整数表示询问结果。

输入样例:

7 4 3

1 2 3 4 5 6 7

5

1 2 5 5

3 2 4

2 3 7 9

3 1 3

3 4 7

输出样例:

2

35

8

分析:

有两个很难察觉的错误:

第一个,由于 add[ ]和 mul[ ]作为懒标记数组是 long long,那么 Mul 函数和 Add 函数传参时传入了 add[ ]和 mul[ ],则传入的参数 k 也要写成 long long。

防止这类错误(有的变量可以用 int,有的变量必须用 long long)的解决办法:所有的变量全部用 long long,这样保证你不会错。

第二个,代码的简写。我们知道 mul[i] * = k 等价于 mul[i] = mul[i] * k,但是 mul[i] * =k%p 并不等价于 mul[i] = mul[i] * k%p 。

如果按前者简写了,小数据能过,大数据会错。

这类错误的解决办法:当表达式代码要写乘法或者加法再取余的时候,千万别简写!

代码:

```cpp
#include <bits/stdc++.h>
using namespace std;
typedef unsigned long long ll;
const int N = 1e5 + 10;
int n, m, x, y, p, opt, a[N];
ll k, tr[4 * N], add[4 * N], mul[4 * N];
void pushup(int i)
{tr[i] = (tr[2 * i] + tr[2 * i + 1]) % p;}
void build(int i, int l, int r)
{
    add[i] = 0; mul[i] = 1;
    if(l == r) {tr[i] = a[l]; return;}
    int mid = l + r >> 1;
    build(2 * i, l, mid);
    build(2 * i + 1, mid + 1, r);
    pushup(i);
}
```

```
void Mul(int i,ll k)//这里的 k 一定是 long long! 不能是 int!
{
    mul[i] = mul[i] * k% p;//写成 mul[i] * = k% p 是错误的!
    add[i] = add[i] * k% p;//写成 add[i] * = k% p 是错误的!
    tr[i] = tr[i] * k% p; //写成 tr[i] * = k% p 是错误的!
}
void Add(int i,int l,int r,ll k)//这里的 k 一定是 long long! 不能是 int!
{
    add[i] = add[i] + k% p;//写成 add[i] + = k% p 是错误的!
    tr[i] = tr[i] + (r - l + 1) * k% p;//写成 tr[i] + = (r - l + 1) * k% p 是错误的!
}
void pushdown(int i,int l,int r,int mid)
{
    if(add[i] = = 0&&mul[i] = = 1)return;
    Mul(2 * i,mul[i]);
    Mul(2 * i + 1,mul[i]);
    Add(2 * i,l,mid,add[i]);
    Add(2 * i + 1,mid + 1,r,add[i]);
    mul[i] = 1;add[i] = 0;
}
void update_add(int i,int l,int r,int x,int y,int k)
{
    if(l > y||r < x)return;
    if(l > = x&&r < = y)return Add(i,l,r,k);
    int mid = l + r > > 1;
    pushdown(i,l,r,mid);
    update_add(2 * i,l,mid,x,y,k);
    update_add(2 * i + 1,mid + 1,r,x,y,k);
    pushup(i);
}
void update_mul(int i,int l,int r,int x,int y,int k)
{
```

```
    if(l>y||r<x)return;
    if(l>=x&&r<=y)return Mul(i,k);
    int mid=l+r>>1;
    pushdown(i,l,r,mid);
    update_mul(2*i,l,mid,x,y,k);
    update_mul(2*i+1,mid+1,r,x,y,k);
    pushup(i);
}
ll query(int i,int l,int r,int x,int y)
{
    if(l>y||r<x)return 0;
    if(l>=x&&r<=y)return tr[i];
    int mid=l+r>>1;
    pushdown(i,l,r,mid);
    return(query(2*i,l,mid,x,y)+query(2*i+1,mid+1,r,x,y))%p;
}
int main()
{
    ios::sync_with_stdio(false);
    cin>>n>>p;
    for(int i=1;i<=n;i++)
        cin>>a[i];
    build(1,1,n);
    cin>>m;
    while(m--)
    {
        cin>>opt;
        if(opt==1)
        {
            cin>>x>>y>>k;
            update_mul(1,1,n,x,y,k);
        }
```

```
        else if( opt = = 2)
        {
          cin > > x > > y > > k;
          update_add(1,1,n,x,y,k);
        }
        else
        {
          cin > > x > > y;
          printf("%lld\n",query(1,1,n,x,y));
        }
      }
    return 0;
}
```

9.6 作 业

8.7.1 Minimum Inversion Number(hdu 1394. http://acm. hdu. edu. cn/showproblem. php? pid = 1394)

8.7.2 Buy Tickets(poj 2828. http://poj. org/problem? id = 2828)

8.7.3 Who Gets the Most Candies? (poj 2886. http://poj. org/problem? id = 2886)

8.7.4 Picture(poj 1177. http://poj. org/problem? id = 1177)

8.7.5 Hotel(poj 3667. http://poj. org/problem? id = 3667)

第 10 章 树状数组

本章要点:主要介绍树状数组的原理、实现以及应用。

10.1 主要介绍树状数组的基本原理。

10.2 主要介绍树状数组的简单应用。

10.3 主要介绍多维树状数组。

10.1 树状数组的基本原理

在解题过程中,有时需要维护一个数组的前缀和 $S[i] = A[1] + A[2] + \cdots + A[i]$。但是不难发现,如果修改了任意一个 $A[i]$,$S[i]$,$S[i+1]$,$\cdots$,$S[n]$ 都会发生变化。可以说,每次修改 $A[i]$ 后,调整前缀和 S 在最坏情况下会需要 $O(n)$ 的时间。当 n 非常大时,程序会运行得非常缓慢。因此,这里引入"树状数组",树状数组是一个查询和修改复杂度都为 $\log(n)$ 的数据结构,假设数组 $a[1..n]$,那么查询 $a[1] + \cdots + a[n]$ 的时间是 log 级别的,而且树状数组是一个在线的数据结构,支持随时修改某个元素的值,复杂度也为 log 级别。

10.1.1 树状数组的建立

观察图 10.1。

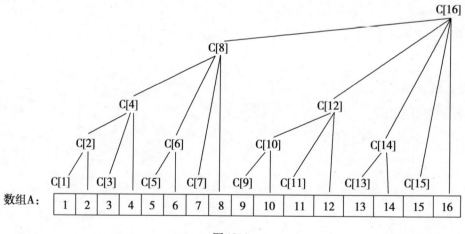

图 10.1

令这棵树的结点编号为 C1, C2, …, Cn。令每个结点的值为这棵树的值的总和,那么容易发现:

C1 = A1

C2 = A1 + A2

C3 = A3

C4 = A1 + A2 + A3 + A4

C5 = A5

C6 = A5 + A6

C7 = A7

C8 = A1 + A2 + A3 + A4 + A5 + A6 + A7 + A8

…

C16 = A1 + A2 + A3 + A4 + A5 + A6 + A7 + A8 + A9 + A10 + A11 + A12 + A13 + A14 + A15 + A16

C 数组的结构对应一棵树,因此称为树状数组。

这里有一个有趣的性质:设节点编号为 x,那么这个节点管辖的区间为 2^k (其中 k 为 x 二进制末尾 0 的个数)个元素。因为这个区间最后一个元素必然为 Ax,所以很明显:

$$Cn = A(n - 2^k + 1) + \cdots + An$$

10.1.2　树状数组的主要操作

1. 修改元素的值

已知数组 A 中的元素下标,如何求其父节点?

由 10.1.1 节中介绍的内容可知,数组 C 中一个节点 x 展开为数组 A 的项数共有 2^k (其中 k 为 x 二进制末尾 0 的个数)个,其父节点展开项数应为 2^{k+1},又可知 C 的下标与其展开项最后一个的下标相同,可得出

$$C(n + 1) = Cn + 2^k$$

令 lowbit(i) = 2^k (其中 k 为 i 在二进制下末尾 0 的个数),lowbit( )代码如下:

```
int Lowbit(int i)
{
    return i&(i^(i - 1));
}
```

或者

```
Int Lowbit(int i)
```

```
    {
        return i &( –i);
    }
```

如果对一个元素进行加法操作,则从这个节点上溯,所有节点都需要进行调整。Update( )代码如下:

```
    int Update(int i,int x)
    {
        while(i < = n)
        {
            c[i] = c[i] + x;
            i = i + Lowbit(i);
        }
    }
```

2. 求数组 A 中前 n 项的和

求数列 A[ ]的前 n 项和,只需找到 n 以前的所有最大子树,把其根节点的 C 加起来即可。

如:$Sun(1) = C[1] = A[1];$

$Sun(2) = C[2] = A[1] + A[2];$

$Sun(3) = C[3] + C[2] = A[1] + A[2] + A[3];$

$Sun(4) = C[4] = A[1] + A[2] + A[3] + A[4];$

$Sun(5) = C[5] + C[4];$

$Sun(6) = C[6] + C[4];$

$Sun(7) = C[7] + C[6] + C[4];$

$Sun(8) = C[8];$

Query( )代码如下:

```
    int Query(int n)
    {
        int sum = 0;
        while(n > 0)
        {
            sum + = c[n];
            n = n - Lowbit(n);
```

```
    }
    return sum;
}
```

10.2　树状数组的应用

10.2.1　单点更新,区间求和

单点更新是对序列中的单个元素进行修改操作,区间求和是求序列中连续元素的和。传统数组(共 n 个元素)的元素修改和连续元素求和的复杂度分别为 O(1) 和 O(n),树状数组通过将线性结构转换成树状结构(线性结构只能逐个扫描元素,而树状数组可以实现跳跃式扫描),使得修改与求和操作复杂度均为 O(log n),大大提高了整体效率。

例 10.1　敌兵布阵(hdu 1166)

C 国的敌对国 A 国这段时间正在进行军事演习,所以 C 国头领 Derek 和他手下 Tidy 又开始忙了。A 国在海岸线沿直线布置了 N 个工兵营地,Derek 和 Tidy 的任务就是要监视这些工兵营地的活动情况。由于采取了某种先进的监测手段,所以 C 国对 A 国每个工兵营地的人数都掌握得一清二楚,每个工兵营地的人数都有可能发生变动,可能增加或减少若干人,但这些都逃不过 C 国的监视。

C 国要研究敌人究竟演习什么战术,所以 Tidy 要随时向 Derek 汇报某一段连续的工兵营地一共有多少人,例如 Derek 问:"Tidy,马上汇报第 3 个营地到第 10 个营地共有多少人!"Tidy 就要马上开始计算这一段的总人数并汇报。但敌兵营地的人数经常变动,而 Derek 每次询问的段都不一样,所以 Tidy 不得不每次都一个营一个营地去数,很快就精疲力尽了,Derek 对 Tidy 的计算速度越来越不满:"你算得这么慢,我炒你鱿鱼!"Tidy 想:"你自己来算算看,这可真是一项累人的工作!我恨不得你炒我鱿鱼呢!"无奈之下,Tidy 只好打电话向计算机专家 Windbreaker 求救,Windbreaker 说:"叫你平时做多点 ACM 题和多看点算法书,现在尝到苦果了吧!"Tidy 说:"我知错了……"但 Windbreaker 已经挂掉电话了。Tidy 很苦恼,这么算他真的会崩溃的,聪明的读者,你能写个程序帮他完成这项工作吗?不过如果你的程序效率不够高的话,Tidy 还是会受到 Derek 的责骂的。

输入:

第一行一个整数 T,表示有 T 组数据。

每组数据第一行一个正整数 N(N <= 50000),表示敌人有 N 个工兵营地,接下来有 N 个正整数,第 i 个正整数 ai 代表第 i 个工兵营地里开始时有 ai 个人(1 <= ai <= 50)。

接下来每行有一条命令,命令有 4 种形式。

(1)Add i j,i 和 j 为正整数,表示第 i 个营地增加 j 个人(j 不超过 30)。

(2)Sub i j,i 和 j 为正整数,表示第 i 个营地减少 j 个人(j 不超过 30)。

(3)Query i j,i 和 j 为正整数,i <=j,表示询问第 i 个到第 j 个营地的总人数。

(4)End 表示结束,这条命令在每组数据最后出现。

每组数据最多有 40000 条命令。

输出:

对第 i 组数据,首先输出"Case i:"和回车。

对于每个 Query 询问,输出一个整数并回车,表示询问的段中的总人数,这个数保持在 int 以内。

输入样例:

1

10

1 2 3 4 5 6 7 8 9 10

Query 1 3

Add 3 6

Query 2 7

Sub 10 2

Add 6 3

Query 3 10

End

输出样例:

Case 1:

6

33

59

分析:

此题目是非常经典的树状数组,如果该题用数组进行模拟,则时间复杂度为 O(n),题目指出命令最多有 40000 组,O(n)复杂度算法会超出时间限制,因此需要采用树状数组将时间复杂度降低到 O(log n)。

代码:

```
#include <stdio.h>
#include <string.h>
#define MAXN 100000
int n,tree[MAXN];
int Lowbit(int i)
{
  return i &( -i);
}
int Update(int i,int x)
{
  while(i < = n)
  {
    tree[i] = tree[i] +x;
    i = i + Lowbit(i);
  }
}
int Query(int n)
{
  int sum =0;
  while(n >0)
  {
    sum + = tree[n];
    n = n - Lowbit(n);
  }
  return sum;
}
int main()
{
  int T;
  scanf("%d",&T);
  for(int cas =1;cas < = T;cas + +)
```

```
{
    memset(tree,0,sizeof(tree));
    printf("Case %d:\n",cas);
    scanf("%d",&n);
    for(int i=1;i<=n;i++)
    {
        int x;
        scanf("%d",&x);
        Update(i,x);
    }
    char str[10];
    while(scanf("%s",str)!=EOF&&strcmp(str,"End"))
    {
        int a,b;
        scanf("%d%d",&a,&b);
        if(str[0]=='Q')
        printf("%d\n",Query(b)-Query(a-1));
        else
        if(str[0]=='S')
        Update(a,-b);
        else
        Update(a,b);
    }
}
}
```

10.2.2　区间更新,单点求值

在单点更新中,树状数组代表了区间的和,而在区间更新中,树状数组代表单个元素的变化量,如图 10.2 所示:

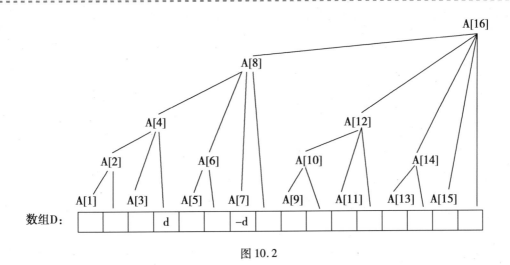

图 10.2

在图 10.2 中,数组 D 中元素 D[i]表示原序列中第 i 位元素的变化量。

例如在区间(4,6)的每个元素的值增加 d,首先进行操作 Update(4,d),此时 Update( )操作代表的含义为原序列中第 4 个及以后的所有元素增加 d,那么想要实现只在(4,6)区间内增加 d,需要下一步操作 Update(7, - d),将第 7 个及以后的元素减去 d。

查询操作 Query(i)代表原序列中第 i 个元素的值的变化量。

例 10.2 Color the ball(hdu 1556)　N 个气球排成一排,从左到右依次编号为 1,2,3,…,N。每次给定 2 个整数 a,b(a < =b),乐乐便骑上他的电动车从气球 a 开始到气球 b 依次给每个气球涂一次颜色。但是 N 次以后乐乐已经忘记了第 i 个气球已经涂过几次颜色了,你能帮他算出每个气球被涂过几次颜色吗?

输入:

每个测试实例第一行为一个整数 N(N < =100000)。接下来的 N 行,每行包括 2 个整数 a,b(1 < =a < =b < =N)。

当 N =0,输入结束。

输出:

每个测试实例输出一行,包括 N 个整数,第 i 个数代表第 i 个气球总共被涂色的次数。

输入样例:

3

1 1

2 2

3 3

3

1 1

1 2

1 3

0

输出样例:

1 1 1

3 2 1

分析:

题意很明确,更新区间并且求单点的值。

代码:

```c
#include <stdio.h>
#include <string.h>
#define MAXN 100000
int n,tree[MAXN];
int Lowbit(int i)
{
    return i&(-i);
}
int Update(int i,int x)
{
    while(i<=n)
    {
        tree[i]=tree[i]+x;
        i=i+Lowbit(i);
    }
}
int Query(int n)
{
    int sum=0;
    while(n>0)
    {
        sum+=tree[n];
        n=n-Lowbit(n);
```

```
    }
    return sum;
}
int main( )
{
    while( scanf( "% d" ,&n)！ = EOF&&n)
    {
        memset( tree ,0 , sizeof( tree) );
        for( int i = 0 ;i < n;i + + )
        {
            int s , e ;
            scanf( "% d% d" ,&s ,&e) ;
            Update( s ,1) ;
            Update( e + 1 , - 1) ;
        }
        for( int i = 1 ;i < n;i + + )
        printf( "% d " ,Query( i) ) ;
        printf( "% d\n" ,Query( n) ) ;
    }
}
```

10.2.3　逆序数

在一个排列中,如果一对数的前后位置与大小顺序相反,即前面的数大于后面的数,那么它们就称为一个逆序。一个排列中逆序的总数就称为这个排列的逆序数。逆序数为偶数的排列称为偶排列,逆序数为奇数的排列称为奇排列。如 2 4 3 1 中,(2,1),(4,3),(4,1),(3,1)是逆序,逆序数是 4,为偶排列。

也是就说,对于 n 个不同的元素,先规定各元素之间有一个标准次序(例如 n 个不同的自然数,可规定从小到大为标准次序),于是在这 n 个元素的任一排列中,当某两个元素的先后次序与标准次序不同时,就说有一个逆序。一个排列中所有逆序总数叫作这个排列的逆序数。

如图 10.1 所示,用树状数组求逆序数时,数组 A 代表数字 i 是否在序列中出现过,如果数组 i 已经存在于序列中,则 A[i] =1,否则 A[i] =0,此时 Query(i)返回值为在序列中比数字 i 小的元素的个数,假设序列中第 i 个元素的值为 a,那么前 i 个元素中比 i 大的元素的个数为 i - Query(a),逆序数的求法也就显而易见了。

例 10.3 Sort it(hdu 2689) 你要把一个具有 n 个不同元素的序列通过交换两个相邻的元素转换成升序序列,你想知道一共需要多少次交换。

例如,序列 1 2 3 5 4,你只需要交换 5 和 4。

输入:

输入数据有若干组,每组数据包括两行,第一行包含一个正整数 N(N <=1000),下一行包含一个序列,从 1 到 N 的 N 个整数。

输出:

对于每组数据,输出需要交换的最小次数,每个输出占一行。

输入样例:

3

1 2 3

4

4 3 2 1

输出样例:

0

6

分析:

该题数据量不大,直接枚举亦可解决,如果数据范围较大,则需要用树状数组解题,对于大小为 a 的第 i 个元素,它需要经过的交换次数为前 i 个元素中大于 a 的元素的个数,那么该序列需要的交换次数即为该序列的逆序数。

代码:

```
#include <stdio.h>
#include <string.h>
#define MAXN 100000
int n,tree[MAXN];
int Lowbit(int i)
{
    return i &( -i);
}

int Update(int i,int x)
```

```
{
    while( i < = n )
    {
        tree[ i ] = tree[ i ] + x;
        i = i + Lowbit( i ) ;
    }
}
int Query( int n )
{
    int sum = 0;
    while( n > 0 )
    {
        sum + = tree[ n ] ;
        n = n - Lowbit( n ) ;
    }
    return sum;
}
int main( )
{
    while( scanf( "% d" ,&n)！ = EOF&&n)
    {
        int a, ans = 0;
        memset( tree, 0, sizeof( tree) ) ;
        for( int i = 1 ; i < = n; i + + )
        {
            scanf( "% d" ,&a) ;
            Update( a, 1) ;
            ans + = i - Query( a) ;
        }
        printf( "% d\n" ,ans) ;
    }
}
```

例 10.4　Cow Sorting(hdu 2838)　小明有 N(1 ≤ N ≤ 100000)头牛一字排开,在晚上挤奶。每头奶牛都有一个唯一的"坏脾气"的值,它们的坏脾气的范围为 1,…,100000。由于脾气暴躁的奶牛更容易损坏小明的挤奶设备,小明想给奶牛重新排序,使它们按坏脾气增加的顺序排列。在此过程中,任何两个奶牛的位置(一定相邻)可以互换。由于脾气暴躁的牛难以移动,它需要的时间为两头奶牛的坏脾气的总和,例如移动坏脾气为 X,Y 的两头奶牛,需要时间为 X + Y。

请帮小明计算出重新排序的奶牛需要的最短的时间。

输入:

第 1 行:奶牛总数 N

第 2 到 N + 1 行:第 i + 1 行表示第 i 个奶牛的坏脾气。

输出:

小明把奶牛重新排序需要的最小时间。

输入样例:

3

2

3

1

输出样例:

7

分析:

该题求一个序列里面所有逆序对的数字和。对于序列里值为 a 的第 i 个元素,需要知道前 i 个元素里比 a 大的元素的个数以及它们的和,因此需要两个树状数组,一个用来记录数字的个数,另一个记录数字的和,为了简化程序,可以用结构体实现。

代码:

```c
#include < stdio. h >
#include < string. h >
#define MAXN 100001
struct node
{
    int cnt;
    long long sum;
} tree[ MAXN ];
```

```
int n;
int Lowbit(int t)
{
    return t &( -t);
}
int Update(int t, int v, int cnt)
{
    while(t < = n)
    {
        tree[t]. sum + = v;
        tree[t]. cnt + = cnt;
        t + = Lowbit(t);
    }
    return 0;
}
int Query_cnt(int t)//返回的是 a 前边比 a 小的元素的个数
{
    int ans = 0;
    while(t > 0)
    {
        ans + = tree[t]. cnt;
        t - = Lowbit(t);
    }
    return ans;
}
long long Query_sum(int t)//返回 x 前所有数的和
{
    long long ans = 0;
    while(t > 0)
    {
        ans + = tree[t]. sum;
        t - = Lowbit(t);
```

```
        }
    return ans;
    }

int main()
{
    while(scanf("%d", &n)! = EOF)
    {
        long long ans = 0;
        memset(tree, 0, sizeof(tree));

        for(int i = 1; i < = n; i + +)
        {
            int a;
            scanf("%d", &a);
            Update(a, a, 1);
            long long k1 = i - Query_cnt(a);//k1 是逆序对数
            if(k1! = 0)
            {
                //所有前 n 个数的和减去比 a 小数的和,即之前比 a 大的数的总和
                long long k2 = Query_sum(n) - Query_sum(a);
                ans + = k1 * a + k2;
            }
        }
        printf("%I64d\n", ans);
    }

    return 0;
}
```

例 10.5 数星星 – 树状数组(POJ) Astronomers often examine star maps where stars are represented by points on a plane and each star has Cartesian coordinates. Let the level of a star be an amount of the stars that are not higher and not to the right of the given star. Astronomers want to know the distribution of the levels of the stars.

For example, look at the map shown on the figure above. Level of the star number 5 is equal to 3(it's formed by three stars with a numbers 1, 2 and 4). And the levels of the stars numbered by 2 and 4 are 1. At this map there are only one star of the level 0, two stars of the level 1, one star of the level 2, and one star of the level 3.

You are to write a program that will count the amounts of the stars of each level on a given map.

输入:

The first line of the input file contains a number of stars $N(1 < = N < = 15000)$. The following N lines describe coordinates of stars(two integers X and Y per line separated by a space, $0 < = X,Y < = 32000$). There can be only one star at one point of the plane. Stars are listed in ascending order of Y coordinate. Stars with equal Y coordinates are listed in ascending order of X coordinate.

输出:

The output should contain N lines, one number per line. The first line contains amount of stars of the level 0, the second does amount of stars of the level 1 and so on, the last line contains amount of stars of the level $N - 1$.

输入样例:

5

1 1

5 1

7 1

3 3

5 5

输出样例:

1

2

1

1

0

分析:

把 x 坐标离散化后存入树状数组维护即可。

代码:

```cpp
#include <cstdio>
#include <iostream>
#include <algorithm>
using namespace std;
const int N = 15010;
int n,y,cnt,x[N],t[N],tr[N],ans[N];
void add(int i,int k)
{
    while(i<=n)
    {
        tr[i]+=k;
        i+=(i&-i);
    }
}
int sum(int i)
{
    int s=0;
    while(i)
    {
        s+=tr[i];
        i-=(i&-i);
    }
    return s;
}
int main()
{
    ios::sync_with_stdio(false);
```

```
    cin >> n;
    for(int i = 1;i < = n;i + +)
    {
        cin >> x[i] >> y;
        t[i] = x[i];
    }
    sort(t + 1,t + n + 1);
    cnt = unique(t + 1,t + n + 1) - t - 1;
    for(int i = 1;i < = n;i + +)
    {
        x[i] = lower_bound(t + 1,t + cnt + 1,x[i]) - t;
        ans[sum(x[i])] + +;
        add(x[i],1);
    }
    for(int i = 0;i < n;i + +)
        printf("%d\n",ans[i]);
    return 0;
}
```

例 10.6　询问区间和 – 树状数组　珠宝店里有很多珠宝,现在假设珠宝都是排列成一行,分别从左到右标号为 0,1,2,…,n - 1,每个珠宝的价值都可以用一个整数来表示,顾客可以买走任何一个珠宝,如果第 ai 个已经被买走,那么该顾客就转身离去,否则的话第 ai 个珠宝就会被该顾客买走。

输入:

多组数据。每组第一行输入两个整数 n,m($n < = 10^5$,$m < = 10^5$),分别代表 n 个珠宝和 m 种操作。接下来一行 n 个整数 ai($0 < = i < = n - 1$)代表 i 个珠宝的价值($0 < = ai < = 10^9$)。然后输入 m 行,格式如下:

1 l r($0 < = l < = r < n$)查询 l 到 r 之间的珠宝的价值,包括 l 和 r(区间的和值可能超 int)

0 x 代表来了一个顾客想买走第 x 号珠宝

输出:

对于每次操作,如果是顾客成功买走了 x 号珠宝,那么输出 x 号珠宝的价值,如果 x 号珠宝已经被买走了,那么输出 Sorry

如果是查询,直接输出查询结果

输入样例:

4 4

1 2 3 4

1 0 3

0 1

1 0 3

1 1 1

3 4

1 3 2

1 0 2

0 1

0 1

1 0 2

输出样例:

Case #1:

10

2

8

0

Case #2:

6

3

Sorry

3

分析:

注意 a[i] 可能等于 0,所以当顾客买走 a[i] 时,不能将 a[i] = 0 当成标记数组用,要另外开一个标记数组。

还有就是注意树状数组的下标只能从 1 开始,这题输入的下标是从 0 开始的,所以要把输入的下标 +1。

代码:

```cpp
#include <bits/stdc++.h>
using namespace std;
typedef long long ll;
const int N = 1e5 + 10;
ll tr[N];
int n, m, l, r, x, cas, opt, a[N], flag[N];
void add(int i, int k)
{
    while(i <= n)
    {
        tr[i] += k;
        i += (i & -i);
    }
}
ll sum(int i)
{
    ll s = 0;
    while(i)
    {
        s += tr[i];
        i -= (i & -i);
    }
    return s;
}
int main()
{
    ios::sync_with_stdio(false);
    while(cin >> n >> m)
    {
        memset(tr, 0, sizeof(tr));
        memset(flag, 0, sizeof(flag));
```

```
    for(int i = 1;i < = n;i + +)
    {
      cin > > a[i];
      add(i,a[i]);
    }
    printf("Case #%d:\n", + + cas);
    while(m − −)
    {
      cin > > opt;
      if(opt = = 0)
      {
        cin > > x;x + +;
        if(flag[x])printf("Sorry\n");
        else
        {
          printf("%d\n",a[x]);
          add(x, − a[x]);
          flag[x] = 1;
        }
      }
      else
      {
        cin > > l > > r;
        l + +;r + +;
        printf("%lld\n",sum(r) − sum(l − 1));
      }
    }
  }
  return 0;
}
```

例 10.7 神奇的字符串 – 树状数组

现在有两个神奇的字符串,这个串的每个位置的字符都可以被任意改变……假设这两个字符串为 s1,s2,两个字符串的长度相等,每次操作可以指定一个字符,修改其任意位置的字符,或者询问[l, r]区间中配对的个数。例如"abbc""abdc",因为 s1[1] = s2[1],s1[2] = s2[2],s1[4] = s2[4]配对的个数是 3,s1 和 s2 都是由小写字母组成的。

输入:

多组数据。

每组数据第一行两个整数 n,m(n < = 10^5,m < = 10^5),分别代表 s1,s2 的长度是 n 和操作的次数,接下来两行是 s1 和 s2,接下来 m 次操作,格式为:

    0 l r 代表 询问[l, r] 这个区间配对的个数

1 id p c(c 为小写字母),如果 id 是 1,代表把 s1 字符串 p 位置置为 c,如果 id 是 2,代表把 s2 字符串 p 位置置为 c

输出:

输出每次查询结果

输入样例:

3　6

aba

aca

0　1　3

0　1　1

1　1　2　c

0　1　3

1　2　3　c

0　1　3

4　6

aaaa

bbbb

0　1　4

1　1　1　b

1　1　2　b

1　1　3　b

1　1　4　b

0　1　4

输出样例：

Case #1：

2

1

3

2

Case #2：

0

4

代码：

```cpp
#include <bits/stdc++.h>
using namespace std;
const int N = 1e5 + 10;
char c, s1[N], s2[N];
int n, m, p, l, r, id, opt, cas, tr[N];
void update(int i, int k)
{
    while(i <= n)
    {
        tr[i] += k;
        i += (i & -i);
    }
}
int sum(int i)
{
    int s = 0;
    while(i)
    {
        s += tr[i];
        i -= (i & -i);
    }
    return s;
```

```
    }
int main( )
{
    ios::sync_with_stdio(false);
    while(cin > > n > > m)
    {
        memset(tr,0,sizeof(tr));
        for(int i = 1;i < = n;i + + )
            cin > > s1[i];
        for(int i = 1;i < = n;i + + )
        {
            cin > > s2[i];
            if(s1[i] = = s2[i])update(i,1);
        }
        printf("Case #%d:\n", + + cas);
        while(m - - )
        {
            cin > > opt;
            if(opt = =0)
            {
                cin > >l > > r;
                printf("%d\n",sum(r) - sum(l - 1));
            }
            else
            {
                cin > > id > > p > > c;
                if(id = =1)//把 s1 的 p 位置修改为 c
                {
                    if(s1[p] = = s2[p]&&c! = s1[p])update(p, - 1);
                    if(s1[p]! = s2[p]&&c = = s2[p])update(p,1);
                    s1[p] = c;
                }
```

```
else//把 s2 的 p 位置修改为 c
{
    if(s1[p] = = s2[p]&&c! = s1[p])update(p,-1);
    if(s1[p]! = s2[p]&&c = = s1[p])update(p,1);
    s2[p] = c;
}
}
}
}
return 0;
}
```

例 10.8   排队 – 树状数组

军训期间,新生们都站成一排,从前往后标号为 $1,2,3,\cdots,n$,林大学生非常多,$1 < = n < = 10^5$,现给出每个学生的身高,教官想知道站在某个学生之前并且比该学生矮的学生数量,你能帮助这个教官吗?

输入:

多组数据。每组输入 n,m 代表学生的数量和教官的询问数量($m < = 10^5$),接下来一行输入 n 个整数 $h1,h2,h3,\cdots,hn$ 代表标号为 i 的学生的身高为 $hi(hi > = 1$ && $hi < = 10^6)$,然后就是 m 行,每行一个整数 $x(x > = 1$ && $x < = n)$ 代表教官要询问第 x 个学生前面有多少个学生比该学生矮。

输出:

输出每次询问的答案

输入样例:

3 3

1 2 3

1

2

3

4 3

1 2 1 2

2

3

4

输出样例：

Case #1：

0

1

2

Case #2：

1

0

2

代码：

```cpp
#include <bits/stdc++.h>
using namespace std;
const int N = 1e5 + 10, M = 1e6 + 10;
int n, m, x, mx, cas, a[N], tr[M], ans[N];
void add(int i)
{
    while(i <= mx)
    {
        tr[i]++;
        i += (i& - i);
    }
}
int sum(int i)
{
    int s = 0;
    while(i)
    {
        s += tr[i];
        i -= (i& - i);
    }
```

```
    return s;
}

int main()
{
    ios::sync_with_stdio(false);
    while(cin>>n>>m)
    {
        memset(tr,0,sizeof(tr));
        mx=0;
        for(int i=1;i<=n;i++)
        {
            cin>>a[i];
            mx=max(mx,a[i]);
        }
        for(int i=1;i<=n;i++)
        {
            add(a[i]);
            ans[i]=sum(a[i]-1);
        }
        printf("Case #%d:\n",++cas);
        while(m--)
        {
            cin>>x;
            printf("%d\n",ans[x]);
        }
    }
    return 0;
}
```

10.3　多维树状数组

树状数组是一种可以很高效地进行区间统计的数据结构。它比较节省空间,编程复杂度较低但适用范围较小,除此之外树状数组较易推广到多维。

　　在解决某些问题时简单的树状数组已经不能满足解题的需要,因此引入多维树状数组。

10.3.1　二维树状数组

二位树状数组是一维树状数组的拓展,具体如图 10.3 所示。

1	1		1				1	8
								7
								6
								5
1	1		1				1	4
								3
1	1		1				1	2
1	1		1				1	1
1	2	3	4	5	6	7	8	

图 10.3　更新点(1,1),1 代表更新,0 代表未更新

　　简单来说,二维树状数组可以理解成多个树状数组以树状数组的形式集合在一起,更新的时候先更新一个树状数组,再找到该树状数组的父节点树状数组并更新,依此类推。查找时进行相反操作。具体实现见例题。

　　例 10.9　Stars(hdu 2642)　飞飞是一个浪漫的人,他喜欢数天上的星星。

　　为了使问题变得更容易,我们假设天空是一个二维平面,上面的星星有时会亮,有时会发暗。最开始,没有明亮的星星在天空中,然后将给出一些信息,"B XY",其中"B"代表明亮,X 代表 X 坐标,Y 代表 Y 坐标,是指在(X,Y)的明星是光明的,而在"D XY","D"的意思是灰暗的星星在(X,Y).当得到"Q X1 X2 Y1 Y2"的查询,你应该告诉飞飞在该地区有多少明亮的星星在 X1,X2,Y1,Y2 决定的矩形里。

　　只有一种情况。

　　输入:

　　第一行包含一个 M(M <= 100000),则为 M 行。

　　每行开始有一个字符代表操作。

　　如果字符是 B 或 D,然后两个整数 X,Y(0 < = X,Y < = 1000)。

　　如果该字符是 Q,则 4 个随后有整数 X1,X2,Y1,Y2(0 < = X1,X2,Y1,Y2 < = 1000)。

　　输出:

对于每一次询问,输出明亮星星的数量并换行。

输入样例:

5

B 581 145

B 581 145

Q 0 600 0 200

D 581 145

Q 0 600 0 200

输出样例:

1

0

分析:

二维树状数组的应用,主要考查二维树状数组的更新和查询,需要注意的是星星可能重复点亮,需要用 mark 数组标记是否已经点亮过,另外坐标是从(0,0)开始,如果更新从(0,0)开始,因为 Lowbit(0) = 0,Update 操作会陷入死循环,所以坐标读入后都进行自加操作使坐标原点为(1,1)。

代码:

```
#include < cstdio >
#include < cstring >
#include < iostream >
using namespace std;
#define MAXN 10000
int tree[MAXN][MAXN];
bool mark[MAXN][MAXN];
int Lowbit(int t)
{
  return t &( -t);
}
int Update(int x, int y, int num)
{
  for(int i = x; i < = MAXN; i + = Lowbit(i))
  {
```

```
    for(int j = y; j < = MAXN; j + = Lowbit(j))
    {
        tree[i][j] + = num;
    }
}

int Query(int x, int y)
{
    int sum = 0;
    for(int i = x; i > 0; i - = Lowbit(i))
    {
        for(int j = y; j > 0; j - = Lowbit(j))
            sum + = tree[i][j];
    }
    return sum;
}

int main()
{
    char str[3];
    int n, x, y;
    scanf("%d", &n);
    getchar();
    while(n - -)
    {
        scanf("%s", str);
        if(str[0] = = 'B')
        {
            scanf("%d%d", &x, &y);
            x + +;
            y + +;
            if(mark[x][y] = = false)
            {
```

```
            mark[x][y] = true;

            Update(x, y, 1);

        }

    }

    else if(str[0] == 'D')

    {

        scanf("%d%d", &x, &y);

        x ++;

        y ++;

        if(mark[x][y] == true)

        {

            mark[x][y] = false;

            Update(x, y, -1);

        }

    }

    else if(str[0] == 'Q')

    {

        int x1, y1, x2, y2;

        scanf("%d%d%d%d", &x1, &x2, &y1, &y2);

        x1 ++, x2 ++, y1 ++, y2 ++;

        if(x1 < x2) swap(x1, x2);

        if(y1 < y2) swap(y1, y2);

        int res = Query(x1, y1) - Query(x1, y2 - 1) - Query(x2 - 1, y1) + Query(x2
- 1, y2 - 1);

        printf("%d\n", res);

    }

}

return 0;

}
```

10.3.2　三维树状数组

三维树状数组相比于二维树状数组,由平面延伸到了立体,其体现的依然是树状数组的基本原理。

例 10.10 Cube(hdu 3584) 给定一个 N * N * N 多维数据集 A,其元素是 0 或 1。A[i,j,k]代表集合中的第 i 行,第 j 列与第 k 层的值。首先,我们有 A[i,j,k] =0(1 < =i,j, k < =N)。

我们定义了两个操作,1:"Not",我们改变 A[i,j,k] = ! A[i,j,k]的操作。这意味着我们改变 A[i,j,k]从 0→1 或 1→0。(x1 < =i < =x2,y1 < =j < =y2,z1 < =k < =z2)

0:"查询"的操作,我们希望得到 A[i,j,k]的值。

输入:

多组输入

每组数据第一行为 N 和 M,接下来有 M 行。

每行第一个数字 X 代表操作,Not 操作为 1,Query 操作为 0。

如果 X 是 1,接下来为 x1,y1,z1,x2,y2,z2。

如果 X 是 0,接下来为 x,y,z。

输出:

对于每次查询输出 A[i,j,k]的值。

输入样例:

2 5

1 1 1 1 1 1 1

0 1 1 1

1 1 1 1 2 2 2

0 1 1 1

0 2 2 2

输出样例:

1

0

1

分析:

此题考查三维树状数组的区间更新,单点查询。需要注意的是该题的更新操作,如在更新区间(a,b)之时,应在 a 和 b +1 处都加 1,则 Query(x)%2 即为单点的值,前一个 1 为增加操作,后一个 1 抵消,所以查询的值%2 即为单点的值。另外需要利用容斥原理计算更新的区间。

代码:

```
#include < iostream >
#include < cstdio >
#include < string. h >
using namespace std;
#define MAXN 105
int tree[ MAXN ][ MAXN ][ MAXN ];
int n, m;
int Lowbit( int t)
{
  return t &( - t);
}
int Update( int x, int y, int z)
{
  for( int i = x; i  < = n; i + = Lowbit( i) )
  {
    for( int j = y; j  < = n; j + = Lowbit( j) )
    {
      for( int k = z; k  < = n; k + = Lowbit( k) )
      {
        tree[ i][ j][ k] + + ;
      }
    }
  }
}
int Query( int x, int y, int z)
{
  int sum = 0;
  for( int i = x; i  > 0; i  - = Lowbit( i) )
  {
    for( int j = y; j  > 0; j  - = Lowbit( j) )
    {
```

```
            for( int k = z; k > 0; k - = Lowbit( k) )
            {
                sum + = tree[ i][ j][ k];
            }
        }
    }
    return sum;
}
int main( )
{
    while( scanf( "% d% d", &n, &m)! = EOF)
    {
        int sign, x1, y1, z1, x2, y2, z2;
        memset( tree, 0, sizeof( tree) );
        while( m - - )
        {
            scanf( "% d", &sign);
            if( sign = = 0)
            {
                scanf( "% d% d% d", &x1, &y1, &z1);
                printf( "% d\n", Query( x1, y1, z1)% 2);
            }
            else
            {
                scanf( "% d% d% d% d% d% d", &x1, &y1, &z1, &x2, &y2, &z2);
                Update( x1,y1,z1);
                Update( x1,y1,z2 +1);
                Update( x1,y2 +1,z1);
                Update( x1,y2 +1,z2 +1);
                Update( x2 +1,y1,z1);
                Update( x2 +1,y1,z2 +1);
```

```
        Update( x2 + 1 , y2 + 1 , z1 ) ;

        Update( x2 + 1 , y2 + 1 , z2 + 1 ) ;

      }

    }

  }

  return 0 ;

}
```

10.3.3 多维树状数组

由二维树状数组和三维树状数组可以推出多维树状数组的一般形式。

对于一个 n 维的树状数组,其更新操作如下:

```
int Update( int w , int x , int y , int z . . . . )

{

  for( int x1 = x ; x1 < = n ; x1 + = lowbit( x1 ) )

    for( int x2 = y ; x2 < = n ; x2 + = lowbit( x2 ) )

      for( int x3 = z ; x3 < = n ; x3 + = lowbit( x3 ) )

        . . . .

            c[ x1 ] [ x2 ] [ x3 ] [ . . . . ] + = w ;

  return ;

}
```

其时间复杂度为 $O(\log(n)^k)$。

n 维树状数组的查询操作如下:

```
int Query( int x , int y , int z , . . . . )

{

  int ans = 0 ;

  for( int x1 = x ; x1 > 0 ; x1 - = lowbit( x1 ) )

    for( int x2 = y ; x2 > 0 ; x2 - = lowbit( x2 ) )

      for( int x3 = z ; x3 > 0 ; x3 - = lowbit( x3 ) )

        . . . .

            ans + = c[ x1 ] [ x2 ] [ x3 ] [ . . . . ] ;

  return ans ;

}
```

10.4 作   业

1. Stars(hdu 1541. http://acm. hdu. edu. cn/showproblem. php? pid = 1541)

2. Ultra – QuickSort(poj 2299. http://poj. org/problem? id = 2299)

3. Japan(poj 3067. http://poj. org/problem? id = 3067)

4. Mobile Phone(hoj 1640. http://acm. hit. edu. cn/hoj/problem/view? id = 1640)

5. 经理的烦恼(hoj 1867. http://acm. hit. edu. cn/hoj/problem/view? id = 1867)

第11章 搜 索

本章要点：简要介绍枚举、深度优先搜索和广度优先搜索等状态空间搜索算法。

11.1 主要介绍枚举的核心思想，枚举通常的实现方式，以及枚举的优缺点，最后给出了枚举解题的一般思路。

11.2 主要介绍深度优先搜索的定义、特点和实现的基本思想以及实现框架。

11.3 主要介绍广度优先搜索的定义、区别，然后用一个求最短路程的例子来阐述其基本思想和广度搜索的流程图。

11.1 枚 举

枚举算法是最简单、最基本的搜索算法，其思路就是列举问题的所有状态，将它们逐一与目标状态进行比较得出符合条件的解。其解决问题的能力是不容忽视的。

11.1.1 知识概述

枚举的核心思想是通过对问题的状态空间内的每一种可能的情况进行求解判断，从而得到满足条件的解。很多时候，枚举可以仅通过使用循环语句和条件语句实现。但是对于复杂的问题，由于循环层数不确定或者循环层数太多等，直接使用循环语句和条件语句是极其复杂甚至是不可能的，这时，通常需要使用递归等技术。

由于枚举算法要通过求解问题状态空间内所有可能的状态来得到满足题目要求的解，因此，在问题规模变大时，其效率一般是比较低的。但是，枚举算法也有它自己的特有优点，那就是多数情况下容易编程实现，而且容易调试，也正是这些原因，枚举算法通常用于求解规模比较小的问题，或者作为求解问题的一个子算法出现，通过枚举一些信息并进行保存，而这些信息的有无对主算法效率的高低有着较大的影响。

由于枚举算法的"低效性"，很多人都忽视了对它的使用。事实上，"低效"并不等于"无效"，只要满足时间和空间的约束，算法越简单越好。

采用枚举算法解题的一般思路如下：

确定枚举对象、枚举范围和判断条件。

枚举对象以及枚举条件的确定和枚举范围的确定一样,对枚举算法来说都是非常重要的。枚举对象的选取的合理与否直接影响着枚举算法的效率高低。判定条件设立的正确与否直接决定着枚举算法是否正确。

——枚举可能情况,验证是否是问题的解。

在使用枚举算法时,也要考虑提高算法的效率,通常从以下几个方面考虑。

(1)抓住问题状态的本质,尽可能减小问题状态空间的大小。

(2)加强约束条件,缩小枚举范围。

(3)根据某些问题特有的性质,如对称性等,避免对本质相同的状态重复求解。

11.1.2　例题解析

例 11.1　数值统计(hdu 2008)　统计给定的 n 个数中负数、零和正数的个数。

输入:

输入数据有多组,每组占一行,每行的第一个数是整数 n(n<100),表示需要统计的数值的个数,然后是 n 个实数;如果 n=0,则表示输入结束,该行不做处理。

输出:

对于每组输入数据,输出一行 a,b 和 c,分别表示给定的数据中负数、零和正数的个数。

输入样例:

6 0 1 2 3 −1 0

5 1 2 3 4 0.5

0

输出样例:

1 2 3

0 0 5

分析:

直接利用 for 循环枚举就可以了。

代码:

```
#include <stdio.h>
int main(void)
{
    int n, i, a, b, c;
    double x;
    while(scanf("%d", &n), n)
```

```
    {
        a = b = c = 0;
        for( i = 0 ; i < n ; i + + )
        {
            scanf( "% lf" , &x);
            if( x > 0 )c + + ;
            else if( x < 0 )a + + ;
            else b + + ;
        }
        printf( "% d % d % d\n" , a, b, c);
    }
    return 0;
}
```

例 11.2 如何实现他的目标(hdu 4152) 小明有 N(N < = 20)个目标,每个目标都有一个分数值,只有达到给定的分数值才算完成目标。他有 M(M < = 16)个习惯,每个习惯对这 N 个目标有影响 xi(i > = 1, i < = N), xi < 0 表示对目标 i 的实现有坏的影响,否则起积极作用。现在问你如果小明想实现这 N 个目标,他能够有的习惯的数目最大是多少,并输出能够有的习惯的编号。

输入:

输入数据有若干组,以 EOF 结束。

每组第一行小明的目标 N。

第二行 N 个数,分别表示每个目标要达到的分数值。

第三行 M,表示小明有 M 个习惯。

接下来 M 行,每行 N 个整数,第 i 行第 j 列表示习惯 i 对于目标 j 产生的影响为 Xij。

输出:

输出占一行,第一个数是小明要想实现 N 个目标他最多能够拥有的习惯数量,后面是这些习惯的编号。如果不存在能使他实现目标的习惯,输出 0。

输入样例:

4

100 200 300 400

3

```
100  100  400  500
100  -10  50  300
100  100  -50  -50
```

输出样例：

2　1　3

分析：

总共有 M 个习惯,如果用 0 1 两种状态表明选还是不选,那么共有 2^M 种情况(2^{16} 才 65536),时间复杂度($2^M * M * N$)。

代码：

```
#include <cstdlib>
#include <iostream>
#include <cmath>

using namespace std;

int goal[30];   //表示 N 个目标要达到的分数值
int f[25][25],g[30];

int main(int argc, char *argv[])
{
  int n,m,ans1,ans2;
  while(scanf("%d",&n)! =EOF)
  {
    ans1 = -1;
    for(int i=0; i<n; i++)
      scanf("%d",&goal[i]);
    scanf("%d",&m);
    for(int i=0; i<m; i++)
      for(int j=0; j<n; j++)
        scanf("%d",&f[i][j]);
    for(int i=1; i<(1<<m); i++)   //利用二进制枚举每个习惯要还是不要
```

```
    {
        memset(g,0,sizeof(g));
        int num = 0;
        for(int j = 0; j < m; j + +)
            if(i&(1 < <j))    //如果 j 这个习惯要
            {
                num + + ;
                for(int k = 0; k < n; k + +)
                    g[k] + = f[j][k];
            }
        int k1;
        for(k1 = 0; k1 < n; k1 + +)    //判断是否每个目标都达到了给定的分数值
            if(g[k1] < goal[k1])break;
        if(k1 > = n)    //更新答案
        {
            if(num > ans1)ans1 = num,ans2 = i;
            else if(num = = ans1&&ans2 > i)
                ans1 = num,ans2 = i;
        }
    }
    if(ans1 = = -1)puts("0");
    else
    {
        printf("% d",ans1);
        for(int i = 0; i < n; i + +)
            if(ans2&(1 < <i))
                printf(" % d",i + 1);
        printf("\n");
    }
}
return EXIT_SUCCESS;
}
```

11.2　深度优先搜索

11.2.1　深度优先搜索算法

事实上,深度优先搜索属于图算法的一种,英文缩写为 DFS(Depth First Search)。其过程简要来说是对每一个可能的分支路径深入到不能再深入为止,而且每个节点只能访问一次。

深度优先搜索的思想是尽可能深的搜索图,《算法艺术与信息学竞赛》一书提到:深度优先搜索则像你在走迷宫,你不可能有分身术同时站在每一个点上,只能沿着一条路走到底,如果碰壁了,则退回来再搜索下一个可能的路径。深度优先遍历类似于树的前序遍历,采用的搜索方法的特点是尽可能先对纵深方向进行搜索。

11.2.2　深度优先搜索算法的基本思想

从初始状态 S 开始,利用规则生成搜索树下一层任一个结点,检查是否出现目标状态 G。若未出现,则以现在的状态利用规则生成下一层任一个结点,检查是否为目标节点 G。若未出现,继续以上操作过程,一直进行到叶节点(即不能再生成新状态节点),若它仍不是目标状态 G 时,回溯到上一层结果,取另一可能扩展搜索的分支,生成新状态节点。若仍不是目标状态,就按该分支一直扩展到叶节点,若仍不是目标,采用相同的回溯办法回退到上层节点,扩展可能的分支生成新状态。如此进行下去,直到找到目标状态 G 为止。

11.2.3　深度优先搜索算法的实现框架

从深度优先的策略上看就知道深度优先搜索一般是用递归来实现;深度优先搜索的框架很简单:

```
void dfs(int n)
{
    if//满足结束条件,即搜索到终点
        return ;
    else
        dfs(n +1);
}
```

11.2.4 例题解析

例 11.3 Red and Black(hdu 1312)

There is a rectangular room, covered with square tiles. Each tile is colored either red or black. A man is standing on a black tile. From a tile, he can move to one of four adjacent tiles. But he can't move on red tiles, he can move only on black tiles.

Write a program to count the number of black tiles which he can reach by repeating the moves described above.

输入:

The input consists of multiple data sets. A data set starts with a line containing two positive integers W and H; W and H are the numbers of tiles in the x − and y − directions, respectively. W and H are not more than 20.

There are H more lines in the data set, each of which includes W characters. Each character represents the color of a tile as follows.

'.' − a black tile

'#' − a red tile

'@' − a man on a black tile(appears exactly once in a data set)

输出:

For each data set, your program should output a line which contains the number of tiles he can reach from the initial tile(including itself).

输入样例:

```
6 9
....#.
.....#
......
......
......
......
#@...#
.#..#.
11 9
```

```
.#.........
.#.#######.
.#.#....#.
.#.#.###.#.
.#.#..@#.#.
.#.#####.#.
.#......#.
.#########.
..........
11 6
..#..#..#..
..#..#..#..
..#..#..###
..#..#..#@.
..#..#..#..
..#..#..#..
7 7
..#.#..
..#.#..
###.###
...@...
###.###
..#.#..
..#.#..
0 0
```

输出样例:

45

59

6

13

分析:

利用深度优先搜索,尽可能遍历所有的节点,然后统计就可以了。

代码:

```cpp
#include <cstdlib>
#include <iostream>

using namespace std;
int w,h;
char z[21][21];

int dfs(int i,int j)
{
  if(i<1||i>h||j<1||j>w)return 0;
  if(z[i][j]! ='#')
  {
    z[i][j]='#';
    return 1+dfs(i-1,j)+dfs(i+1,j)+dfs(i,j-1)+dfs(i,j+1);
  }
  else return 0;
}

int main(int argc, char *argv[])
{
  while(cin>>w>>h)
  {
    if(w= =0&&h= =0)break;
    for(int i=1; i<=h; i++)
    for(int j=1; j<=w; j++)
      cin>>z[i][j];
    for(int i=1; i<=h; i++)
    for(int j=1; j<=w; j++)    //寻找起始点
      if(z[i][j]= ='@')
        cout<<dfs(i,j)<<endl;
  }
```

```
   // system("PAUSE");
   return EXIT_SUCCESS;
}
```

例 11.4　Oil Deposits(poj 1241)

The GeoSurvComp geologic survey company is responsible for detecting underground oil deposits. GeoSurvComp works with one large rectangular region of land at a time, and creates a grid that divides the land into numerous square plots. It then analyzes each plot separately, using sensing equipment to determine whether or not the plot contains oil. A plot containing oil is called a pocket. If two pockets are adjacent, then they are part of the same oil deposit. Oil deposits can be quite large and may contain numerous pockets. Your job is to determine how many different oil deposits are contained in a grid.

输入:

The input file contains one or more grids. Each grid begins with a line containing m and n, the number of rows and columns in the grid, separated by a single space. If m = 0 it signals the end of the input; otherwise 1 < = m < = 100 and 1 < = n < = 100. Following this are m lines of n characters each(not counting the end-of-line characters). Each character corresponds to one plot, and is either '*', representing the absence of oil, or '@', representing an oil pocket.

输出:

For each grid, output the number of distinct oil deposits. Two different pockets are part of the same oil deposit if they are adjacent horizontally, vertically, or diagonally. An oil deposit will not contain more than 100 pockets.

输入样例:

```
1 1
*
3 5
*@*@*
**@**
*@*@*
1 8
@@****@*
5 5
****@
```

```
*@@ *@
*@ * *@
@@@ *@
@@ * *@
0  0
```

输出样例：

```
0
1
2
2
```

分析：

利用广度优先搜索，尽可能遍历所有的节点，注意可以向 8 个方向扩展。

代码：

```cpp
#include < stdio. h >
#include < iostream >
#include < cstring >

using namespace std;

char map[100][100];   //存图
int dir[8][2] =
{
    { -1, -1},
    { -1,0},
    { -1,1},
    {0, -1},
    {0,1},
    {1, -1},
    {1,0},
    {1,1}
};   //8 个方向
```

```cpp
int vis[100][100];    //用来判重,之前是否已经遍历

int n,m,ans;


void DFS(int i,int j)    //参数 i,j 代表点(i,j)
{
  vis[i][j] =1;
  for(int k =0;k <8;k + +)    //枚举 8 个方向
  {
    int x =i +dir[k][0];
    int y =j +dir[k][1];
    if(x > =0&&x <n&&y > =0&&y <m
      &&! vis[x][y]&&map[x][y] = ='@')    //判断是否越界
    {
      DFS(x,y);
    }
  }
  return;
}


int main()
{
  while(cin > >n > >m)
  {
    if(! n&&! m)break;
    for(int i =0;i <n;i + +)
      scanf("%s",&map[i]);
    ans =0;    //全局变量
    memset(vis,0,sizeof(vis));
    for(int i =0;i <n;i + +)
      for(int j =0;j <m;j + +)
        if(! vis[i][j]&&map[i][j] = ='@')
```

```
            {
                ans + + ;
                DFS(i,j);
            }
        printf( "% d\n" ,ans) ;
    }
}
```

例 11.5　The Crystal Maze

You are in a plane and you are about to be dropped with a parasuit in a crystal maze. As the name suggests, the maze is full of crystals. Your task is to collect as many crystals as possible.

To be more exact, the maze can be modeled as an M x N 2D grid where M denotes the number of rows and N denotes the number of columns. There are three types of cells in the grid:

(1) A '#' denotes a wall, you may not pass through it.

(2) A 'C' denotes a crystal. You may move through the cell.

(3) A '.' denotes an empty cell. You may move through the cell.

Now you are given the map of the maze, you want to find where to land such that you can collect maximum number of crystals. So, you are spotting some position x, y and you want to find the maximum number of crystals you may get if you land to cell(x, y). And you can only move vertically or horizontally, but you cannot pass through walls, or you cannot get outside the maze.

输入:

Input starts with an integer $T(\leqslant 10)$, denoting the number of test cases.

Each case starts with a line containing three integers M, N and $Q(2 \leqslant M, N \leqslant 500, 1 \leqslant Q \leqslant 1000)$. Each of the next M lines contains N characters denoting the maze. You can assume that the maze follows the above restrictions.

Each of the next Q lines contains two integers x_i and $y_i (1 \leqslant x_i \leqslant M, 1 \leqslant y_i \leqslant N)$ denoting the cell where you want to land. You can assume that cell(x_i, y_i) is empty i. e. the cell contains '.'.

输出:

For each case, print the case number in a single line. Then print Q lines, where each line should contain the maximum number of crystals you may collect if you land on cell(x_i, y_i).

输入样例:

1

```
4  5  2
..#..
.C#C.
##..#
..C#C
1  1
4  1
```

输出样例:

Case 1:

```
1
2
```

分析:

由于输入数据较大,注意输入输出要用 scanf 和 printf,否则可能会超时。

```cpp
#include <iostream>
#include <cstdio>
#include <cstring>

using namespace std;
const int maxn = 510;


char map[maxn][maxn];
bool vis[maxn][maxn];
int dir[][2] = {{0,1},{0,-1},{1,0},{-1,0}};
int ans,n,m,x1[maxn*maxn],y1[maxn*maxn],top,an[maxn][maxn];


void dfs(int x,int y)
{
    vis[x][y] = 1;
    if(map[x][y] == 'C') ans++;
    x1[top] = x,y1[top++] = y;
    for(int i = 0;i < 4;i++)
```

```
    {
        int nx = x + dir[i][0];
        int ny = y + dir[i][1];

        if(nx > =0&&nx < n&&ny > =0&&ny < m&&! vis[nx][ny]&&map[nx][ny]! ='#')
        {
            dfs(nx,ny);
        }
    }
}

int main()
{
    int ca,cas =1,q;
    scanf("%d",&ca);
    while(ca - -)
    {
        scanf("%d%d%d",&n,&m,&q);
        for(int i =0;i < n;i + +)
        {
            for(int j =0;j < m;j + +)
            cin > >map[i][j];
        }
        memset(vis,0,sizeof(vis));
        memset(an, -1,sizeof(an));
        //优化:an[x][y]表示以(x,y)为七点的答案,初始化为 -1,
            如果 an[x][y]! = -1,表示已经计算过了,直接输出即可
        int x,y;
        printf("Case %d:\n",cas + +);
        while(q - -)
        {
            scanf("%d%d",&x,&y);
```

$$if(an[x-1][y-1] = = -1)top = 0,ans = 0,dfs(x-1,y-1);$$

$$for(int\ r = 0;r < top;r + +)$$

$$an[x1[r]][y1[r]] = ans;$$

$$printf("\%d\backslash n",an[x-1][y-1]);$$

$$\}$$

$$\}$$

return 0;

$$\}$$

例 11.6　全排列问题 – 搜索 – 回溯

输出自然数 1 到 n 所有不重复的排列,即 n 的全排列,要求所产生的任一数字序列中不允许出现重复的数字。

输入:

输入一个 n(1≤n≤9);

输出:

由 1~n 组成的所有不重复的数字序列,每行一个序列。每个数字保留 5 个常宽。

输入样例:

3

输出样例:

```
1    2    3
1    3    2
2    1    3
2    3    1
3    1    2
3    2    1
```

分析:

本题就是要存储走过的路径节点(用动态数组或者普通的数组都可以),下面是用 vector 动态数组写的。

```
#include <bits/stdc++.h>
using namespace std;
vector<int> vis;
int a[10],n;
```

```
int dfs(int x,int d)
{   if(a[x] ==1)return 0;
    d++;
    a[x] =1;
    vis.push_back(x);
    if(d ==n){
      for(int i =0;i <n;i++)
        printf("%5d",vis[i]);
      printf("\n");
      a[x] =0;
      vis.pop_back();
      return 0;
    }
    for(int i =1;i < =x-1;i++)
      dfs(i,d);
    for(int i =x+1;i < =n;i++)
      dfs(i,d);
    a[x] =0;
    vis.pop_back();
}
int main()
{
    cin > >n;
    for(int i =1;i < =n;i++)
      dfs(i,0);
    return 0;
}
```

例 11.7 自然数的拆分问题 – 搜索 – 回溯(洛谷)

任何一个大于 1 的自然数 n,总可以拆分成若干个小于 n 的自然数之和。现在给你一个自然数 n,要求你求出 n 拆分成一些数字的和。每个拆分后的序列中的数字从小到大排序。然后你需要输出这些序列,其中字典序小的序列需要优先输出。

输入:

待拆分的自然数 n。

输出：

若干数的加法式子。

输入样例：

7

输出样例：

1 + 1 + 1 + 1 + 1 + 1 + 1

1 + 1 + 1 + 1 + 1 + 2

1 + 1 + 1 + 1 + 3

1 + 1 + 1 + 2 + 2

1 + 1 + 1 + 4

1 + 1 + 2 + 3

1 + 1 + 5

1 + 2 + 2 + 2

1 + 2 + 4

1 + 3 + 3

1 + 6

2 + 2 + 3

2 + 5

3 + 4

分析：

用 vector 动态数组记录了一下，dfs(i,j)//i 表示当前的节点,j 表示走过的节点的和

```cpp
#include <bits/stdc++.h>
using namespace std;
int n;
vector<int> vis;
int dfs(int x, int sum)
{
    if(sum > n) return 0;
    if(sum == n)
    {
        for(int i = 0; i < vis.size(); i++)
```

```
        cout < < vis[ i] < <" +";
        cout < < x < < endl;
        return 0;
    }
    vis. push_back( x) ;
    for( int i = x;i < = n;i + + )
    dfs( i,sum + i) ;
    vis. pop_back( ) ;
}
int main( )
{
cin > > n;
for( int i = 1;i < = n/2;i + + )
dfs( i,i) ;
    return 0;
}
```

11.3　广度优先搜索

11.3.1　广度优先搜索算法

　　广度优先搜索(也称宽度优先搜索,缩写 BFS,简称广搜)是连通图的一种遍历策略。因为它的思想是从一个顶点 V0 开始,辐射状地优先遍历其周围较广的区域,故得名。

　　一般可以用它做什么呢? 一个最直观经典的例子就是走迷宫,从起点开始,找出到终点的最短路程,很多最短路径算法就是基于广度优先的思想成立的。

11.3.2　深度优先搜索算法的基本思想

　　这里用一个例子加以解释,如图 11.1 所示,如果要求 V0 到 V6 的一条最短路程(假设走一个节点按一步来算),明显看出这条路径就是 V0→V2→V6,而不是 V0→V3→V5→V6。先想想你自己刚刚是怎么找到这条路径的:首先看跟 V0 直接连接的节点 V1,V2,V3,发现没有 V6,进而再看刚刚 V1,V2,V3 的直接连接节点分别是:{V0,V4},{V0,V1,V6},{V0,V1,V5}。这时候从 V2 的连通节点集中找到了 V6,那说明找到了这条 V0 到 V6 的最短路径:V0→V2→V6,虽然你再进一步搜索 V5 的连接节点集合后会找到另一条路径 V0→V3→V5→V6,但显然它不是最短路径。你会看到这里有点像辐射形状的搜索方式,从一个节点,向其旁边节点传递信息,就这样一层一层地传递辐射下去,直到目标节点被辐射过,此时就已经找到了从起点到终点的路径。

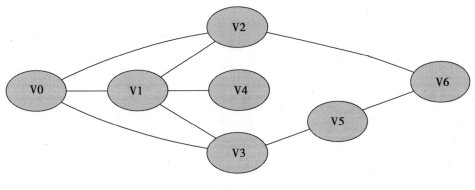

图 11.1

采用示例图来说明这个过程,在搜索的过程中,初始所有节点是白色(代表了所有点都还没开始搜索),把起点 V0 标志成灰色(表示即将辐射 V0),下一步搜索的时候,把所有的灰色节点访问一次,然后将其变成黑色(表示已经被辐射过了),进而再将他们所能到达的节点标志成灰色(因为那些节点是下一步搜索的目标点),但是这里有个判断,就像刚刚的例子,当访问到 V1 节点的时候,它的下一个节点应该是 V0 和 V4,但是 V0 已经在前面被染成黑色了,所以不会将它染灰色。这样持续下去,直到目标节点 V6 被染灰色,说明了下一步就到终点了,没必要再搜索(染色)其他节点了,此时可以结束搜索了。然后根据搜索过程,反过来把最短路径找出来,图 11.6 中把最终路径上的节点标志成灰色。

整个过程的示例图如图 11.2 至图 11.6 所示。

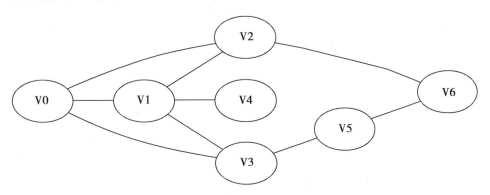

图 11.2　初始全部都是白色(未访问)

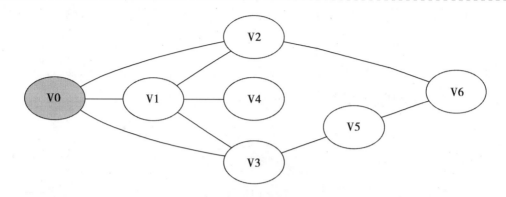

图 11.3　即将搜索起点 V0(灰色)

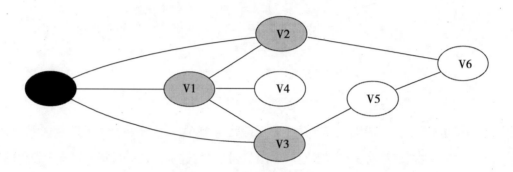

图 11.4　已搜索 V0,即将搜索 V1,V2,V3

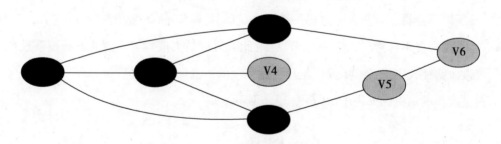

图 11.5　终点 V6 被染灰色,终止

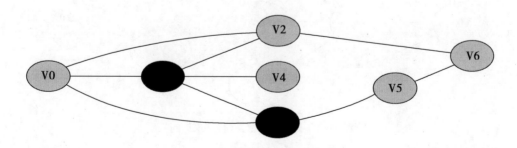

图 11.6　寻找 V0 到 V6 的最短路径

11.3.3　广度优先搜索的流程图

广度优先搜索的具体过程：

(1)每次取出队列首元素(初始状态)，进行拓展。

(2)然后把拓展所得到的可行状态都放到队列里面。

(3)将初始状态删除。

(4)一直进行以上 3 步直到队列为空。

11.3.4　深度优先搜索和广度优先搜索的区别

广度优先搜索可形象地理解为你的眼镜掉在地上了，你趴在地板上找眼镜，这时你总是找离你最近的地方，如果没有再找远的地方……而深度优先搜索相当于走迷宫一样，你没有分身术同时去你没走过的方向，只能沿着一条路走下去，出不去那么再按原路返回(也就是回溯)，选择新的路线再走。

例如对于下面一个树：

$$1$$
$$2\quad 3$$
$$4\quad 5\quad 6$$

深度优先的策略是 1→2→4→退后一步→5→退后一步→退后一步→3→6→结束。

而广度优先则是第一次:1→2→3;第 2 次:4→5→6。

11.3.5　例题解析

例 11.8　迷宫问题(poj 3984)

定义一个二维数组：

int maze[5][5] =

{

0, 1, 0, 0, 0,

0, 1, 0, 1, 0,

0, 0, 0, 0, 0,

0, 1, 1, 1, 0,

0, 0, 0, 1, 0,

};

它表示一个迷宫,其中的 1 表示墙壁,0 表示可以走的路,只能横着走或竖着走,不能斜着走,要求编程序找出从左上角到右下角的最短路线。

输入:

一个 5×5 的二维数组,表示一个迷宫。数据保证有唯一解。

输出:

左上角到右下角的最短路径,格式如样例所示。

输入样例:

0 1 0 0 0

0 1 0 1 0

0 0 0 0 0

0 1 1 1 0

0 0 0 1 0

输出样例:

(0, 0)

(1, 0)

(2, 0)

(2, 1)

(2, 2)

(2, 3)

(2, 4)

(3, 4)

(4, 4)

分析:

用广度优先搜索法求最短路径,记录每一个状态之前的状态,输出路径即可。

代码:

```
#include < stdio. h >

#include < string. h >
```

```
#include < stdlib. h >


int map[5][5];
int visit[5][5];
int pre[100];  //记录每一个状态的前一个状态
struct cam
{
  int x;
  int y;
} list[100];
int dir[4][2] =
{
  {-1,0},
  {1,0},
  {0,-1},
  {0,1}
};
int go(int x,int y)
{
  if(0 < = x&&x < 5&&0 < = y&&y < 5&&map[x][y] = =0)
    return 1;
  return 0;
}
void print(int x)
{
  int t;
  t = pre[x];
  if(t = =0)
  {
    printf("(0, 0)\n");
    printf("(%d, %d)\n",list[x].x,list[x].y);
    return;
```

```
        }
    else
        print( t ) ;
    printf( " ( % d, % d) \n" ,list[ x ]. x ,list[ x ]. y ) ;
}
void bfs( )
{
    int i ,head ,tail ;
    int x ,y ,xx ,yy ;
    memset( visit ,0 , sizeof( visit ) ) ;
    head =0 ;
    tail =1 ;
    list[ 0 ]. x =0 ;
    list[ 0 ]. y =0 ;
    pre[ 0 ] = -1 ;
    while( head < tail )
    {
        x = list[ head ]. x ;
        y = list[ head ]. y ;
        if( x = =4&&y = =4 )
        {
            print( head ) ;
            return ;
        }
        for( i =0 ; i <4 ; i + + )
        {
            xx = x + dir[ i ][ 0 ] ;
            yy = y + dir[ i ][ 1 ] ;
            if( ! visit[ xx ][ yy ]&&go( xx ,yy ) )
            {
                visit[ xx ][ yy ] =1 ;
                list[ tail ]. x = xx ;
```

```
                list[tail].y = yy;
                pre[tail] = head;
                tail + + ;
            }
        }
        head + + ;
    }
    return;
}
int main()
{
int i,j;
for(i = 0; i < 5; i + +)
    for(j = 0; j < 5; j + +)
        scanf("% d",&map[i][j]);
    bfs();
    return 0;
}
```

例 11.9   Red and Black(hdu 1312)   题目描述见例 11.3。

分析:

这个题目同样可以用广度优先搜索法来做,具体实现方式见下面代码。

代码:

```cpp
#include <iostream>
#include <cstdio>
#include <cstring>

using namespace std;
const int maxn = 30;
int n,m,ans;
char map[maxn][maxn];
bool vis[maxn][maxn];
int dir[4][2] = {{1,0},{-1,0},{0,1},{0,-1}};   //扩展的 4 个方向
```

```
int qx[maxn * maxn],qy[maxn * maxn];    //x 和 y 队列


void bfs(int x,int y)
{
    int l = 0,r = 0;
    qx[r] = x,qy[r + +] = y;
    vis[x][y] = 1;
    ans + +;
    while(l < r)    //队列非空
    {
        int curx = qx[l],cury = qy[l + +];
        for(int i = 0; i < 4; i + +)
        {
            int nx = curx + dir[i][0];
            int ny = cury + dir[i][1];
            if(nx > = 1&&nx < = n&&ny > = 1&&ny < = m&&
                ! vis[nx][ny]&&map[nx][ny]! = '#')//判断越界
            {
                ans + +;    //答案加 +1
                vis[nx][ny] = 1; //标记为已经遍历过
                qx[r] = nx,qy[r + +] = ny; //入队列
            }
        }
    }
}

int main()
{
    while(scanf("% d% d",&m,&n) = = 2&&(n||m))
    {
        int sx,sy;
        for(int i = 1; i < = n; i + +)
            for(int j = 1; j < = m; j + +)
```

```
        {
            cin >> map[i][j];
            if(map[i][j] == '@')
                sx = i, sy = j;  // 寻找起始点
        }
        ans = 0;
        memset(vis, 0, sizeof(vis));
        bfs(sx, sy);
        printf("%d\n", ans);
    }
    return 0;
}
```

例 11.10 Dungeon Master

You are trapped in a 3D dungeon and need to find the quickest way out! The dungeon is composed of unit cubes which may or may not be filled with rock. It takes one minute to move one unit north, south, east, west, up or down. You cannot move diagonally and the maze is surrounded by solid rock on all sides.

Is an escape possible? If yes, how long will it take?

输入:

The input consists of a number of dungeons. Each dungeon description starts with a line containing three integers L, R and C(all limited to 30 in size).

L is the number of levels making up the dungeon.

R and C are the number of rows and columns making up the plan of each level.

Then there will follow L blocks of R lines each containing C characters. Each character describes one cell of the dungeon. A cell full of rock is indicated by a '#' and empty cells are represented by a '.'. Your starting position is indicated by 'S' and the exit by the letter 'E'. There's a single blank line after each level. Input is terminated by three zeroes for L, R and C. For each case, print the case number in a single line. Then print Q lines, where each line should contain the maximum number of crystals you may collect if you land on cell(x_i, y_i).

输出:

Each maze generates one line of output. If it is possible to reach the exit, print a line of the form

Escaped in x minute(s).

where x is replaced by the shortest time it takes to escape.

If it is not possible to escape, print the line

Trapped!

输入样例：

3 4 5

S....
.###.
.##..
###.#

#####
#####
##.##
##...

#####
#####
#.###
####E

1 3 3
S##
#E#
###

0 0 0

输出样例：

Escaped in 11 minute(s).

Trapped!

分析：

利用广度优先搜索来找出最短路径的长度，其实都差不多，只不过这个图变成了三维，那么每个点的左边表示为(x,y,z)。

代码:

```cpp
#include <iostream>
#include <cstdio>
#include <cstring>

using namespace std;

const int maxn = 50;
char map[maxn][maxn][maxn];
int L,R,W;
bool vis[maxn][maxn][maxn];
struct Node
{
    int x,y,z;
    int step;
} q[maxn * maxn * maxn];
int dir[6][3] =
{
    {0,0,1},
    {0,0,-1},
    {0,1,0},
    {0,-1,0},
    {1,0,0},
    {-1,0,0}
};
int bfs(int sx,int sy,int sz)
{
    int l = 0,r = 0;
    q[r].x = sx,q[r].y = sy,q[r].z = sz,q[r++].step = 0;;
    vis[sz][sx][sy] = 1;
    while(l < r)
```

```
    {
        Node cur = q[l + +],next;
        for(int i = 0; i < 6; i + +)
        {
            next. x = cur. x + dir[i][0];
            next. y = cur. y + dir[i][1];
            next. z = cur. z + dir[i][2];
            next. step = cur. step + 1;
            if(next. x > = 1&&next. x < = R&&next. y > = 1&&next. y < = W
                &&next. z > = 1&&next. z < = L&&map[next. z][next. x][next. y]! = '#'
                &&! vis[next. z][next. x][next. y])
            {
                if(map[next. z][next. x][next. y] = = 'E')
                    return next. step;
                vis[next. z][next. x][next. y] = 1;
                q[r + +] = next;
            }
        }
    }
    return -1;
}
int main()
{
    int sx,sy,sz;
    while(scanf("%d %d %d",&L,&R,&W) = = 3&&(L||R||W))
    {
        for(int i = 1; i < = L; i + +)
            for(int j = 1; j < = R; j + +)
                for(int r = 1; r < = W; r + +)
                {
                    cin > > map[i][j][r];
                    if(map[i][j][r] = = 'S')sz = i,sx = j,sy = r;
```

```
        }
    memset( vis ,0 , sizeof( vis ) ) ;
    int step = bfs( sx , sy , sz ) ;
    if( step = = - 1 ) cout < < "Trapped !" < < endl ;
    else cout < < "Escaped in " < < step < < " minute( s ) . " < < endl ;
    }
    return 0 ;
}
```

例 11.11　飞跃原野 – 高级搜索(nefu)

在一片广阔的土地上有一个飞行员驾驶着飞机,他需要从这里穿过原野回到基地。这片原野上有平地(P),有湖泊(L)。现在,飞行员需要用最快的时间回到基地。

假设原野是一个 m × n 的矩阵,有两种地形,用 P 和 L 表示。飞行员只能停留在平地上。他目前处在(1,1)这个位置,而目的地是(m,n)。他可以向上、下、左、右 4 个方向移动,或者飞行。

每移动一格需要 1 个单位时间。而无论飞多远,都只需要 1 个单位时间。飞行的途中不可以改变方向。也就是说,飞行也只能是上、下、左、右 4 个方向,并且一次飞行最终必须降落在平地上。当然,受到能量的限制,飞行员不能无限制地飞行,他总共最多可以飞行的距离为 D。

输入:

第 1 行是 3 个整数 m,n 和 D,3 个数都不超过 100。

下面是一个 m × n 的字符矩阵,表示原野。

输出:

输出一行一个整数表示最短时间。如果无法到达,输出"impossible"。

输入样例:

4　4　2

PLLP

PPLP

PPPP

PLLP

输出样例:

5

分析:

本题考查搜索的高级能力,也就是三维信息,二维已经没有用了,本题含有飞行距离 D,所以 x,y,d 是 3 个搜索的条件,要用 3 位数组来判重!

在陆地上也可以飞,在水面上也可以飞;感觉水面主要是用来阻止到达终点用的! 只有飞的时候 D 才可以减少!

```cpp
#include <bits/stdc++.h>
using namespace std;
int m,n,d,td=0;
int tx[4]={1,-1,0,0};
int ty[4]={0,0,1,-1};
struct sa
{
    int x;
    int y;
    int d;//飞行距离
    int step;//步数
};
queue<sa>vis;
char a[101][101];
int b[101][101][101];
int bfs(int x,int y,int d)
{
    int flag=-1;
    if(a[x][y]=='P')
    vis.push({x,y,d,0});
    // 飞行只是第一次计数
    b[x][y][d]=1;
    while(!vis.empty())
    {
        sa tmp=vis.front();
        //cout<<"x="<<tmp.x<<" y="<<tmp.y<<endl;
        vis.pop();
        if(tmp.x==n&&tmp.y==m)
```

```cpp
                {flag = tmp. step;break;}
            //vis1. push( tmp. step);
            //td + + ;
        for( int i = 0;i < 4;i + + )
        {
            //飞
            for( int j = 2;j < = tmp. d;j + + )
            {
                int x1 = tmp. x + j * tx[ i ];
                int y1 = tmp. y + j * ty[ i ];
                if( x1 > = 1&&x1 < = n&&y1 > = 1&&y1 < = m&&b[ x1 ][ y1 ][ tmp. d - j ] =
=0&&a[ x1 ][ y1 ] = = 'P')
                {
                    vis. push( {x1 ,y1 ,tmp. d - j,tmp. step + 1} );
                    b[ x1 ][ y1 ][ tmp. d - j] = 1;
                }
            }
            //走一步
            int x1 = tmp. x + tx[ i ];
            int y1 = tmp. y + ty[ i ];
            if( x1 > = 1&&x1 < = n&&y1 > = 1&&y1 < = m&&a[ x1 ][ y1 ] = = 'P'&&b[ x1 ]
[ y1 ][ tmp. d] = =0)
                {
                    vis. push( {x1 ,y1 ,tmp. d ,tmp. step + 1} );
                    b[ x1 ][ y1 ][ tmp. d] = 1;
                }
        }
    }
    return flag;
}
int main( )
{
```

```
cin >> n >> m >> d;
for( int i = 1; i <= n; i ++ )
    cin >> a[ i ] + 1;
int ans = bfs( 1, 1, d );
if( ans == - 1 ) cout << "impossible" << endl;
else
    cout << ans << endl;
/ *
if( vis1. empty( ) )
    cout << "impossible" << endl;
else
    cout << vis1. top( ) << endl;
cout << td << endl;
* /
    return 0;
}
```

例 11.12 奇怪的电梯 – 搜索(nefu)

在某城市的银行大楼里有一种很奇怪的电梯。大楼的每一层楼都可以停电梯,而且第 i 层楼($1 \leqslant i \leqslant N$)上有一个数字 K($0 \leqslant K\_i \leqslant N$)。电梯只有 4 个按钮:开,关,上,下。上下的层数等于当前楼层上的那个数字。当然,如果不能满足要求,相应的按钮就会失灵。例如: 3,3,1,2,5 代表了 K_i($k\_1 = 3, k\_2 = 3, \cdots$),从 1 楼开始。在 1 楼,按"上"可以到 4 楼,按"下"是不起作用的,因为没有下一层。那么,从 A 楼到 B 楼至少要按几次按钮呢?

输入:

共二行。

第一行为 3 个用空格隔开的正整数,表示 N, A, B($1 \leqslant N \leqslant 200$, $1 \leqslant A, B \leqslant N$)。

第二行为 N 个用空格隔开的非负整数,表示 K_i。

输出:

一行,即最少按键次数,若无法到达,则输出 – 1。

输入样例:

5 1 5

3 3 1 2 5

输出样例:

3

分析：

当从 1 层到 1 层的时候,直接返回 0;因为不需要走!

也要做标记,b[x][y]表示从 x 层 +y 层是否被用过,否则会死循环。

定义结构体：

```cpp
#include < bits/stdc + +. h >
using namespace std;
int a[201],b[201][201];
int c[2] = {1, -1};
struct sa
{
    int x,y;
    int step;
};
queue < sa > vis;
int n,s1,s2;
int main()
{ int flag = 0;
cin > > n > > s1 > > s2;
for(int i = 1;i < = n;i + + )
    cin > > a[i];
if(s1 = = s2){cout < < 0 < < endl;return 0;}
if(s1 + a[s1] < = n)
vis. push({s1,s1 + a[s1],1}),b[s1][s1 + a[s1]] = 1;
if(s1 - a[s1] > = 1)
vis. push({s1,s1 - a[s1],1}),b[s1][s1 - a[s1]] = 1;
while(! vis. empty())
{
    sa tmp = vis. front();
    vis. pop();
    if(tmp. y = = s2){flag = tmp. step;break;}
    for(int i = 0;i < 2;i + + )
```

```
        {
            int x = tmp. y;
            int t = c[i] * a[x];
            int y = x + t;
            if(y > = 1&&y < = n&&b[x][t] = = 0)
            {
                vis. push({x,y,tmp. step + 1});
                b[x][t] = 1;
            }
        }
    }
    if(flag = = 0) cout < < " - 1" < < endl;
    else cout < < flag < < endl;
        return 0;
    }
```

11.4 作 业

7.4.1 The Social Network(hdu 4039. http://acm. hdu. edu. cn/showproblem. php? pid = 4039)

7.4.2 DFS(hdu2212. http://acm. hdu. edu. cn/showproblem. php? pid = 2212)

7.4.3 欧拉回路(hdu 2894. http://acm. hdu. edu. cn/showproblem. php? pid = 2894)

7.4.4 The merchant(poj 3728. http://poj. org/problem? id = 3728)

7.4.5 Circling Round Treasures(CF 375C. http://codeforces. com/problemset/problem/ 375/C)

第 12 章　动态规划

本章要点:动态规划问题应用十分广泛,在信息学中占有举足轻重的地位,相信许多读者对此或多或少有所了解,虽然本章例题较多,但并不难懂。建议读者首先将本章中例题部分熟练掌握,然后根据笔者指定的习题做相应练习。

12.1 主要介绍动态规划的基本概念。

12.2 主要介绍动态规划的基本应用。

12.3 主要介绍动态规划中的背包问题,重点介绍其中的 0/1 背包问题。

12.1　动态规划的原理

12.1.1　概　　述

动态规划法将待求解问题分解成若干个相互重叠的子问题,每个子问题对应决策过程的一个阶段,一般来说,子问题的重叠关系表现在对给定问题求解的递推关系(也就是动态规划函数)中,将子问题的解求解一次并填入表中,当需要再次求解此子问题时,可以通过查表获得该子问题的解而不用再次求解,从而避免了大量重复计算。

12.1.2　动态规划的特征

用动态规划法求解的问题具有以下特征:

(1)能够分解为相互重叠的若干子问题。

(2)满足最优性原理(也称最优子结构性质):该问题的最优解中也包含着其子问题的最优解。

12.1.2　动态规划的解题步骤

动态规划法设计算法一般分成 3 个阶段:

(1)分段:将原问题分解为若干个相互重叠的子问题。

(2)分析:分析问题是否满足最优性原理,找出动态规划函数的递推式。

(3)求解:利用递推式自底向上计算,实现动态规划过程。

动态规划法利用问题的最优性原理,以自底向上的方式从子问题的最优解逐步构造出整个问题的最优解。

12.2 动态规划的应用

只要数据不重复,递推和递归就算 DP。

例 12.1 斐波那契数列(nefu 85) 计算斐波那契数列的值! 该数列为 1 1 2 3 5 8 13 21……

输入:

有多组数据,每组 1 行,用 N 表示,1 < = N < =50。

输出:

输出 Fibonacci(N)的值!

输入样例:

1

2

3

输出样例:

1

1

2

分析 1:

用数组 feibo[ ]打表。

代码:

```cpp
#include <cstdlib>
#include <iostream>
using namespace std;
int main(int argc, char *argv[])
{
  int n;
  long long feibo[51];
  feibo[1] =1;
  feibo[2] =1;
  for(int i =3;i < =50;i + +)
  feibo[i] =feibo[i-1] +feibo[i-2];//打表
```

```
while(cin >> n)
cout << feibo[n] << endl;
return 0;
}
```

分析 2：

用递归做。

代码：

```
#include <cstdlib>
#include <iostream>
#include <cstdio>
using namespace std;
long long data[51];
long long fblq(int n)
{
if(n == 1 || n == 2) return 1;
else
{
if(data[n] == 0)
data[n] = fblq(n-1) + fblq(n-2); //看看这个! 只算 1 次!
return data[n];
}
}
int main(int argc, char * argv[])
{
int n;
memset(data,0,sizeof(data));
data[1] = 1;
data[2] = 1;
while(cin >> n)
cout << fblq(n) << endl;
system("PAUSE");
return EXIT_SUCCESS;
```

}

例 12.2 计算 N!。

输入：

有多组数据，每组一行，用 N 表示，0 ＜ ＝N ＜ ＝20。

输出：

输出 N!

输入样例：

1

2

3

输出样例：

1

2

6

分析 1：

用递归做。

代码：

```
#include  < cstdlib >
#include  < iostream >
using namespace std;
long long data[21];
long long jc(int n)
{
    if(n = = 0 | | n = = 1)return 1;
    if(data[n] = = 0)
        data[n] = n * jc(n-1);
    return data[n];
}
```

分析 2：

用递推做。

代码：

```
#include  < cstdlib >
```

```
#include <iostream>
using namespace std;
int main(int argc, char *argv[])
{
    int n; long long data[51];
    memset(data,0,sizeof(data));
    data[0] = 1; data[1] = 1;
    for(int i = 2; i <= 20; i++)
    data[i] = i * data[i - 1];
    while(cin >> n)
    cout << data[n] << endl;
    system("PAUSE");
    return EXIT_SUCCESS;
}
```

例 12.3　穿过街道(nefu 20)　一个城市的街道布局如下:从最左下方走到最右上方,每次只能往上或往右走,一共有多少种走法?

输入:

输入很多行行数,每行 1 个数字代表 n 的值,当 n = 0 时结束(2 <= n <= 15)。

输出:

输出对应每行 n 值的走法。

输入数据:

1

2

10

5

0

输出数据:

2

6

184756

252

分析 1:

用递归做。

代码:

```
#include <iostream>
#include <stdio.h>
using namespace std;
int f[100][100];
int getf(int x,int y)
{
    if(f[x][y]! = -1)return f[x][y];
    int result;
    if(x = =0||y = =0)
    result =1;
    else
    result = getf(x -1,y) + getf(x,y -1);
    f[x][y] =result;
    return result;
}
Main()
int main(int argc, char *argv[])
{
int i,j,n;
memset(f, -1,sizeof(f));
while(cin > >n)
{
if(n = =0)break;
    cout < <getf(n,n) < <endl;
    }
system("PAUSE");
    return EXIT_SUCCESS;
}
```

分析2:

用递推做。

代码:

```cpp
#include <iostream>
#include <stdio.h>
using namespace std;
int main(int argc, char *argv[])
{
    int n;
    long long data[21][21];
    for(int i = 0; i <= 20; i++)
    {
        data[i][0] = 1;// 处理边界
        data[0][i] = 1;// 处理边界
    }
    for(int j = 1; j <= 20; j++)
        for(int k = 1; k <= 20; k++)
            data[j][k] = data[j-1][k] + data[j][k-1];//公式
    while(cin >> n&&n)
    cout << data[n][n] << endl;
    system("PAUSE");
    return EXIT_SUCCESS;
}
```

例 12.4　超级楼梯(hdu 2041)　有一楼梯共 M 级,刚开始时你在第一级,若每次只能跨上一级或二级,要走上第 M 级,共有多少种走法?

输入:

输入数据首先包含一个整数 N,表示测试实例的个数,然后是 N 行数据,每行包含一个整数 M(1 <= M <= 40),表示楼梯的级数。

输出:

对于每个测试实例,请输出不同走法的数量。

输入数据:

2

2

3

输出数据:

1

2

分析:

递推的题目,前面几个数为 1,1,2,3,第 5 个可以这样考虑:有些走法是和到第 4 个一样的,只是最后加了一步,这样 f(5) = f(4) + x,x 表示其他的走法,到第 5 级时不是走两步就是一步,一步刚才已经考虑过了,就是 f(4),而最后走两步的是在第三级开始的,到第三级的走法为 f(3),所以 f(5) = f(4) + f(3);后面的类似。所以是斐波那契数列 f(n) = f(n-1) + f(n-2)。

代码:

```
#include < iostream >
#include < stdio. h >
int main( )
{ int N = 0,M = 0,i = 0,sum = 0,a[41] = {0};
scanf("%d",&N);
   a[1] = 1;
a[2] = 1;
   for(i = 3;i < =40;i + +)
a[i] = a[i - 1] + a[i - 2];
   while(N - -)
{ scanf("%d",&M);
   printf("%d\n",a[M]);
   }
   return 0;
}
```

例 12.5 一只小蜜蜂(hdu 2044) 有一只经过训练的蜜蜂只能爬向右侧相邻的蜂房,不能反向爬行。请编程计算蜜蜂从蜂房 a 爬到蜂房 b 的可能路线数。

其中,蜂房的结构如图 12.1 所示。

图 12.1

输入:

输入数据的第一行是一个整数 N,表示测试实例的个数,然后是 N 行数据,每行包含两个整数 a 和 b$(0 < a < b < 50)$。

输出:

对于每个测试实例,请输出蜜蜂从蜂房 a 爬到蜂房 b 的可能路线数,每个实例的输出占一行。

输入数据:

2

1 2

3 6

输出数据:

1

3

分析:

首先想到这道题是递推的应用,于是分析题目,观察到每个蜂房都和与它标号相邻的前两个标号蜂房相邻,即 $x - 1$ 号和 $x - 2$ 号,于是猜测这是斐波那契数列的应用,根据猜测继续分析得到递推公式 $\text{NUM}(a \text{ to } b) = \text{NUM}(b - 1) + \text{NUM}(b - 2)$;以 a 为端点,直到 a 停止。于是得到 AC 代码如下(由于数据比较大,直接用 int 要产生溢出所以改用 __int64)。

代码:

```
#include < iostream >
#include < stdio. h >
#include < string. h >
__int64 beecell[50];
__int64 beeStepCalculate( int level )
{
    if( level = =0 || level = =1 )
    {
        return 1 ;
    }
    if( beecell[ level ]! =0 )
    {
        return beecell[ level ];
```

```
        }
        return beecell[level] = beeStepCalculate(level - 1) + beeStepCalculate(level - 2);
    }

int main()
{
    int n,a,b,level;
    __int64 sum;
    while(scanf("%d",&n)! = EOF)
    {
        while(n - -)
        {
            scanf("%d%d",&a,&b);
            memset(beecell,0,50);
            level = b - a;
            sum = beeStepCalculate(level);
            printf("%I64d\n",sum);
        }
    }
    return 0;
}
```

例 12.6　数字三角形(nefu 17)

给出一个数字三角形:

$$
\begin{array}{ccccc}
7 & & & & \\
3 & 8 & & & \\
8 & 1 & 0 & & \\
2 & 7 & 4 & 4 & \\
4 & 5 & 2 & 6 & 5
\end{array}
$$

从三角形的顶部到底部有很多条不同的路径。对于每条路径,把路径上面的数加起来可以得到一个和,你的任务就是找到最大的和。

注意:路径上的每一步只能从一个数走到下一层上和它最近的左边的那个数或者右边的那个数。

输入：

输入数据有多组,每组输入的一行是一个整数 N(1 < N < =100),给出三角形的行数。下面的 N 行给出数字三角形。数字三角形上的数的范围都在 0 和 100 之间。

输出：

输出最大的和。

输入数据：

5

7

3　8

8　1　0

2　7　4　4

4　5　2　6　5

3

1

2　3

1　1　1

输出数据：

30

5

分析：

$$7(7)$$

$$3(10) \qquad 8(15)$$

$$8(18) \qquad 1(\max(10,15) + 1 = 16) \qquad 0(15)$$

$$2(20) \qquad 7(25) \qquad\qquad 4(20) \qquad 4(19)$$

$$4(24) \qquad 5(30) \qquad 2(27) \qquad 6(26) \qquad 5(24)$$

方程式:$1(\max(10,15) + 1 = 16)$ 即 $san[i][j] = \max(san[i-1][j-1], san[i-1][j]) + san[i][j]$;

代码：

```
#include <cstdlib>
#include <iostream>
```

```
using namespace std;
int san[105][105];

int main(int argc, char *argv[])
{int n,i,j,a;
while(scanf("%d",&n)! = EOF)
{
    memset(san,0,sizeof(san));

    scanf("%d",&san[1][1]);
    for(i=2;i<=n;i++)
    for(j=1;j<=i;j++)
    {scanf("%d",&san[i][j]);
    san[i][j] = max(san[i-1][j-1],san[i-1][j]) + san[i][j];
}
    sort(san[n],san[n]+n+1);
    printf("%d\n",san[n][n]);
}
    //system("PAUSE");
    return EXIT_SUCCESS;
}
```

例 12.7 Function Run Fun(nefu 16) 考虑一个三参数的递归函数 $W(A,B,C)$:

if a <=0 or b <=0 or c <=0, then w(a, b, c) returns: 1

if a > 20 or b > 20 or c > 20, then w(a, b, c) returns: w(20, 20, 20)

if a < b and b < c, then w(a, b, c) returns: w(a, b, c−1) + w(a, b−1, c−1) − w(a, b−1, c)

否则 returns:

w(a−1, b, c) + w(a−1, b−1, c) + w(a−1, b, c−1) − w(a−1, b−1, c−1)

这是一个简单的函数。问题是,如果直接实现的中等的 a,b 和 c 的值(例如,a = 15,b = 15,c = 15),因为大量的递归,所以该程序需要运行几个小时。

输入：

输入数据有多组,每组一行,每行 3 个整数,直到输入 −1 , −1 , −1 ,文件结束。使用上述计算规则,计算 w(a, b, c)并且输出结果。

输出：

按照输出格式输出 w(a, b, c)的结果。

输入数据：

1 1 1

2 2 2

10 4 6

50 50 50

 −1 7 18

 −1   −1   −1

输出数据：

w(1, 1, 1) = 2

w(2, 2, 2) = 4

w(10, 4, 6) = 523

w(50, 50, 50) = 1048576

w(−1, 7, 18) = 1

分析：

使用递归方法。

代码：

```
#include  < cstdlib >
#include  < iostream >

using namespace std;
long long data[21][21][21];
long long inf(int x,int y,int z)
{ if(x < =0||y < =0||z < =0)return 1;
    if( x >20||y >20||z >20)return inf(20,20,20);
    if(x < y&&y < z)
```

```
{
    if( data[ x ][ y ][ z ] = = -1 )
    data[ x ][ y ][ z ] = inf( x, y, z - 1 ) + inf( x, y - 1, z - 1 ) - inf( x, y - 1, z ) ;
    return data[ x ][ y ][ z ] ;


}


else
    {
        if( data[ x ][ y ][ z ] = = -1 )
        { data[ x ][ y ][ z ] = inf( x - 1, y, z ) + inf( x - 1, y - 1, z ) + inf( x - 1, y, z - 1 ) - inf( x
- 1, y - 1, z - 1 ) ;


        }
            return data[ x ][ y ][ z ] ;
    }
}
int main( int argc, char * argv[ ] )
{
    int x, y, z;
    while( cin > > x > > y > > z )
    {
        if( x = = -1 && y = = -1 && z = = -1 ) break;
        memset( data, -1, sizeof( data ) ) ;
        cout < < "w( " < < x < < ", " < < y < < ", " < < z < < " )" < < " = " < < inf( x, y,
z ) < < endl;
    }
    //system( "PAUSE" ) ;
    return EXIT_SUCCESS;
}
```

例 12.8   Recaman Sequence(nefu 91)

Recaman 序列被定义如下：

（1）$a_0 = 0$。

（2）如果 a_m 这个值在序列中不存在，则 $a_m = a_{m-1} - m$。

（3）否则：$a_m = a_{m-1} + m$。

Recaman 序列的前几个数的值是：0，1，3，6，2，7，13，20，12，21，11，22，10，23，9…

给一个数 k，你的任务是计算 a_k。

输入：

输入数据有多组，每组一个整数 k（$0 <= k <= 500000$），直到输入 -1 文件结束。使用上述计算规则，计算 a_k 并且输出结果。

输出：

按照输出格式输出 w(a, b, c)的结果。

输入数据：

7

10000

　-1

输出数据：

20

18658

分析：

从下往上打表。

代码：

```
#include <cstdlib>
#include <iostream>

using namespace std;
#define size 500000
int data[size+1];
bool inp[size*10];
int main(int argc, char *argv[])
```

```
{
    int n;
        memset(inp,false,sizeof(inp));
        data[0] =0;inp[0] =true;
        for(int i=1;i< =500000;i++)
        {
        if(data[i-1] -i>0&&inp[data[i-1] -i] ==false)
            data[i] =data[i-1] -i;
        else
        data[i] =data[i-1] +i;
        inp[data[i] ] =true;
        }

    while(cin > >n&&n! = -1)
        {
        cout < <data[n] < <endl;
        }
        system("PAUSE");
    return EXIT_SUCCESS;
}
```

例 12.9 滑雪(nefu 18) 每到冬天,信息学院的张健老师总喜欢到二龙山去滑雪,喜欢滑雪这并不奇怪,因为滑雪的确很刺激。可是为了获得速度,滑的区域必须向下倾斜,而且当你滑到坡底,你不得不再次走上坡或者等待升降机来载你。张老师想知道在一个区域中最长的滑坡。区域由一个二维数组给出,数组的每个数字代表点的高度。

输入:

输入的第一行表示区域的行数 R 和列数 C(1 < =R,C < =100)。下面是 R 行,每行有 C 个整数,代表高度 h,0 < h < =10000。

输出:

输出最长区域的长度。

输入数据:

5 5

```
1  2  3  4  5
16  17  18  19  6
15  24  25  20  7
14  23  22  21  8
13  12  11  10  9
```

一个人可以从某个点滑向上下左右相邻 4 个点之一,当且仅当高度减小。在上面的例子中,一条可滑行的滑坡为 24—17—16—1,当然 25—24—23—…—3—2—1 更长。

事实上,这是最长的一条。

输出数据:

25

分析:

递归。

代码:

```cpp
#include <cstdlib>
#include <iostream>

using namespace std;
int data[101][101];
int inp[101][101];
int m,n;

int f(int i,int j)
{
    int max1,max2;
    int max_right=0,max_left=0,max_up=0,max_down=0;
    if(data[i][j]>0)return data[i][j];
    if(j+1<=n&&inp[i][j]>inp[i][j+1])
        max_right=f(i,j+1);//右边
    if(j-1>=1&&inp[i][j]>inp[i][j-1])
```

```cpp
            max_left = f(i,j-1);//左边
        if(i+1 <= m&&inp[i][j] > inp[i+1][j])
            max_up = f(i+1,j);//上面
        if(i-1 > 1&&inp[i][j] > inp[i-1][j])
            max_down = f(i-1,j);//下面
            max1 = max(max_right,max_left);
            max2 = max(max_up,max_down);
            data[i][j] = max(max1,max2) +1;//4 个方向上的最大值
        return data[i][j];
}
int main(int argc, char *argv[]){
memset(data,0,sizeof(data));
    int k,max_all;
    while(cin >> m >> n)
    {
        max_all = 0;
        for(int i=1;i <= m;i++)
            for(int j=1;j <= n;j++)
                cin >> inp[i][j];
        for(int i=1;i <= m;i++)
            for(int j=1;j <= n;j++)
                k = f(i,j);

for(int i=1;i <= m;i++)
        for(int j=1;j <= n;j++)
            if(max_all < data[i][j]) max_all = data[i][j];
        cout << max_all << endl;
    }

    system("PAUSE");
    return EXIT_SUCCESS;
}
```

例 12.10 采药(nefu 19) 辰辰是个很有潜能、天资聪颖的孩子,他的梦想是成为世界上最伟大的医师。为此,他想拜附近最有威望的医师为师。医师为了判断他的资质,给他出了一个难题。医师把他带到一个到处都是草药的山洞里对他说:"孩子,这个山洞里有一些不同的草药,采每一株都需要一些时间,每一株也有它自身的价值。我会给你一段时间,在这段时间里,你可以采到一些草药。如果你是一个聪明的孩子,你应该可以让采到的草药的总价值最大。"辰辰能完成这个任务吗?

输入:

输入的第一行有两个整数 T($1 <= T <= 1000$)和 M($1 <= M <= 100$),T 代表总共能够用来采药的时间,M 代表山洞里的草药的数目。接下来的 M 行每行包括两个在 1 到 100 之间(包括 1 和 100)的整数,分别表示采摘某株草药的时间和这株草药的价值。

输出:

输出只包括一行,这一行只包含一个整数,表示在规定的时间内,可以采到的草药的最大总价值。

输入数据:

70 3

71 100

69 1

1 2

输出数据:

3

分析:

递归。

代码:

```cpp
#include <cstdlib>
#include <iostream>

using namespace std;
int n;
int time1[105],value[105],data[1005][105];
int caiyao(int t1,int i)
{
    if(data[t1][i]>0)
    return data[t1][i];
```

```
    else if( t1 = =0 | | i > n)
    return 0;
    else if( t1 > = time1[ i] )
    data[ t1] [ i] = max( caiyao( t1 - time1[ i] , i + 1) + value[ i] , caiyao( t1 , i + 1) ) ;
    else data[ t1] [ i] = caiyao( t1 , i + 1) ;
    return data[ t1] [ i] ;
}
int main( int argc , char  * argv[ ] )
{ int m, i, j;
while( cin > > m > > n)
{
    for( i = 1; i < = n; i + + )
    cin > > time1[ i] > > value[ i] ;
    memset( data, 0, sizeof( data) ) ;
    caiyao( m, 1) ;
    printf( "% d\n" , data[ m] [ 1] ) ;
}
    //system( "PAUSE" ) ;
    return EXIT_SUCCESS;
}
```

例 12.11 骨牌铺方格(hdu 2046)   在 $2 \times n$ 的一个长方形方格中, 用一个 1×2 的骨牌铺满方格, 输入 n, 输出铺放方案的总数。

例如 n = 3 时, 为 2×3 方格, 骨牌的铺放方案有 3 种, 如图 12.2 所示。

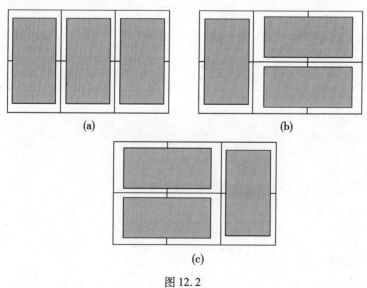

图 12.2

输入:

输入数据由多行组成,每行包含一个整数 n,表示该测试实例的长方形方格的规格是 $2 \times n (0 < n < = 50)$。

输出:

对于每个测试实例,请输出铺放方案的总数,每个实例的输出占一行。

输入数据:

1

3

2

输出数据:

1

3

2

分析:

摆放第 n 块的时候,第 n-1 块可以不动,直接放上第 n 块,也可以将第 n-1 块横过来,这样也可以放入第 n 块。

递推公式为: $f(n) = f(n-1) + f(n-2)$。

算法:n 个前面有两种做法:

(1)前面做好了 n-1 个,则再加一个格子,只有一种做法 $(n-1) * 1$。

(2)前面 n-2 个已经排好,再加二个格子,只有一种做法(横排,若是竖排则与第一种做法相同)$(n-1) * 1$。

加法原理 $f(n) = f(n-1) + f(n-2)$。

代码:

```
#include <cstdlib>
#include <iostream>
using namespace std;
int main(){

    int n, i;

    __int64 a[55];
```

```
a[0] = 1 ;

a[1] = 1 ;

a[2] = 2 ;

for( i = 3 ; i < 55 ; + + i ) {

a[i] = a[i-1] + a[i-2] ;

}

while( cin > > n )

printf( "%I64d\n" , a[n] ) ;

return 0 ;

}
```

例 12.12 阿牛的 EOF 牛肉串(hdu 2047) 今年的 ACM 暑期集训队一共有 18 人,分为 6 支队伍。其中有一个叫作 EOF 的队伍,由 2004 级的阿牛、小明以及 2005 级的小明组成。在共同的集训生活中,大家建立了深厚的友谊,阿牛准备做点什么来纪念这段岁月,想了一想,阿牛从家里拿来了一块上等的牛肉干,准备在上面刻下一个长度为 n 的只由"E""O""F"3 种字符组成的字符串(可以只有其中一种或两种字符,但绝对不能有其他字符),阿牛同时禁止在串中出现 O 相邻的情况,他认为,"OO"看起来就像发怒的眼睛,效果不好。

你能帮阿牛算一下一共有多少种满足要求的不同的字符串吗?

输入:

输入数据包含多个测试实例,每个测试实例占一行,由一个整数 n(0 < n < 40)组成。

输出:

对于每个测试实例,请输出全部的满足要求的刻法,每个实例的输出占一行。

输入数据:

1

2

输出数据：

3

8

分析：

如果后加上一个字符,有两种可能,一种是'O',另一种不是'O',当是'O'时,前面一个有两种可能,其余的任意排列,所以,是 $2*f(n-2)$,当不是'O'时,后插入的字符,有两种可能,其余的任意排列,所以是 $2*f(n-1)$,由此得到公式。

代码：

```
#include <cstdlib>
#include <iostream>
using namespace std;
#define MY_MAX 40
int main()
{
    __int64 ans[MY_MAX+1];
    int i;
    ans[1]=3;
    ans[2]=8;
    for(i=3 ; i <= MY_MAX ; ++i)
    { ans[i]=2 *(ans[i - 1]+ans[i - 2]); }
    while(scanf("%d", &i)! = EOF)
    {
        printf("%I64d/n", ans[i]);
    }
    return 0;
}
```

例 12.13   颁奖晚会(hdu 2048)   HDU 2006'10 ACM contest 的颁奖晚会隆重开始了!

为了活跃气氛,组织者举行了一个别开生面、奖品丰厚的抽奖活动,这个活动的具体要求是这样的：

首先,所有参加晚会的人员都将一张写有自己名字的字条放入抽奖箱中;然后,待所有字条加入完毕,每人从箱中取一个字条。

最后,如果取得的字条上写的就是自己的名字,那么恭喜你,中奖了!

大家可以想象一下当时的气氛之热烈,毕竟中奖者的奖品是大家梦寐以求的签名照呀!不过,正如所有试图设计的喜剧往往以悲剧结尾,这次抽奖活动最后竟然没有一个人中奖!

不过,先不要激动,现在问题来了,你能计算一下发生这种情况的概率吗?

输入:

输入数据的第一行是一个整数 C,表示测试实例的个数,然后是 C 行数据,每行包含一个整数 $n(1 < n <= 20)$,表示参加抽奖的人数。

输出:

对于每个测试实例,请输出发生这种情况的百分比,每个实例的输出占一行,结果保留两位小数(四舍五入),具体格式请参照 sample output。

输入数据:

1

2

输出数据:

50.00%

分析:

N 张票的所有排列可能自然是 Ann = N! 种排列方式。

现在的问题就是 N 张票的错排方式有几种。首先我们考虑,如果前面 N-1 个人拿的都不是自己的票,即前 N-1 个人满足错排,现在又来了一个人,他手里拿的是自己的票。只要他把自己的票与其他 N-1 个人中的任意一个交换,就可以满足 N 个人的错排。这时有 N-1种方法。另外,我们考虑,如果前 N-1 个人不满足错排,而第 N 个人把自己的票与其中一个人交换后恰好满足错排。这种情况发生在原先 N-1 人中,N-2 个人满足错排,有且仅有一个人拿的是自己的票,而第 N 个人恰好与他做了交换,这时候就满足了错排。

因为前 N-1 个人中,每个人都有机会拿着自己的票,所以有 N-1 种交换的可能。

综上所述:$f(n) = (i-1) * [f(n-1) + f(n-2)]$

代码:

#include <math.h>

```
#include <stdio.h>

int main(void)
{
    int i, n;
    __int64 d[21][2] = {{1,0},{1,0},{2,1},{6,2}};

    for(i = 4; i < 21; i++)
    {
        d[i][0] = i * d[i-1][0];
        d[i][1] = (i - 1) * (d[i-1][1] + d[i-2][1]);
    }
    scanf("%d", &n);
    while(n-- && scanf("%d", &i))
        printf("%.2f%%\n", d[i][1] * 100.0 / d[i][0]);

    return 0;
}
```

例 12.14　折线分割平面(hdu 2050)　我们看到过很多直线分割平面的题目,今天的这个题目稍微有些变化,我们要求的是 n 条折线分割平面的最大数目。比如,一条折线可以将平面分成两部分,两条折线最多可以将平面分成七部分,具体如图 12.3 所示。

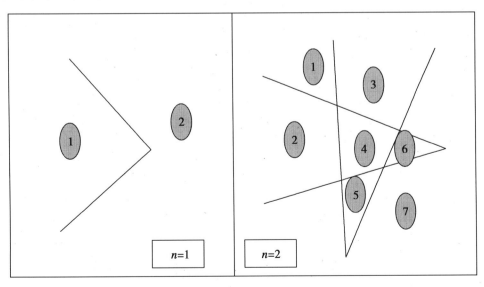

图 12.3

输入：

输入数据的第一行是一个整数 C，表示测试实例的个数，然后是 C 行数据，每行包含一个整数 n(0 < n < = 10000)，表示折线的数量。

输出：

对于每个测试实例，请输出平面的最大分割数，每个实例的输出占一行。

输入数据：

2

1

2

输出数据：

2

7

分析：

当直线分割平面时，每增加 n 个结点，增加 n + 1 个面，设 x(n) 是 n 条直线所能分成最多个面的个数，则 x(n) = x(n - 1) + n 且 x(1) = 2，推得：n = 1,2,3,4,…，x(n) = 2,4,7, 11,…，n * (n + 1)/2 + 1，当 n 为折线结点时：L(n) = x(2 * n) - 2 * n，因为每增加 1 个折线，增加 2 个直线，每多 1 个顶点，就比直线的情况下减少 2 个面。

代码：

```cpp
#include <iostream>
using namespace std;
int main()
{
    int n, t;
    scanf("%d", &t);
    while(t - -)
    {
        scanf("%d", &n);
        printf("%d/n", 2 * n * n - n + 1);
    }
    return 0;
}
```

12.3　背包问题

背包问题(knapsack problem)是一种组合优化的 NP 完全问题。问题可以描述为:给定一组物品,每种物品都有自己的重量和价格,在限定的总重量内,我们如何选择,才能使得物品的总价格最高。问题的名称来源于如何选择最合适的物品放置于给定背包中。相似问题经常出现在商业、组合数学、计算复杂性理论、密码学和应用数学等领域中。也可以将背包问题描述为决定性问题,即在总重量不超过 W 的前提下,总价值是否能达到 V? 它是 1978年由 Merkel 和 Hellman 提出的。

12.3.1　概　　述

它的主要思路是假定某人拥有大量物品,重量各不同。此人通过秘密地选择一部分物品并将它们放到背包中来加密消息。背包中的物品总重量是公开的,所有可能的物品也是公开的,但背包中的物品是保密的。附加一定的限制条件,给出重量,而要列出可能的物品,在计算上是不可实现的。背包问题是熟知的不可计算问题,背包体制以其加密、解密速度快而引人注目。但是,大多数一次背包体制均被破译了,因此现在很少有人使用它。

背包问题:

01 背包:有 N 件物品和一个重量为 M 的背包。(每种物品均只有一件)第 i 件物品的重量是 w[i],价值是 p[i]。求将哪些物品装入背包可使价值总和最大。

完全背包:有 N 种物品和一个重量为 M 的背包,每种物品都有无限件可用。第 i 种物品的重量是 w[i],价值是 p[i]。求将哪些物品装入背包可使这些物品的费用总和不超过背包重量,且价值总和最大。

多重背包:有 N 种物品和一个重量为 M 的背包。第 i 种物品最多有 n[i] 件可用,每件重量是 w[i],价值是 p[i]。求将哪些物品装入背包可使这些物品的费用总和不超过背包重量,且价值总和最大。

12.3.2　0/1 背包问题

1.题目

有 N 件物品和一个容量为 V 的背包。第 i 件物品的费用是 c[i],价值是 w[i]。求将哪些物品装入背包可使价值总和最大。

2. 基本思路

这是最基础的背包问题,特点是:每种物品仅有一件,可以选择放或不放。

用子问题定义状态,即 $f[i][v]$ 表示前 i 件物品恰放入一个容量为 v 的背包可以获得的最大价值,则其状态转移方程便是

$$f[i][v] = \max\{f[i-1][v], f[i-1][v-c[i]] + w[i]\}$$

这个方程非常重要,基本上所有跟背包相关的问题的方程都是由它衍生出来的。所以有必要将它详细解释一下:"将前 i 件物品放入容量为 v 的背包中"这个子问题,若只考虑第 i 件物品的策略(放或不放),那么就可以转化为一个只牵扯前 $i-1$ 件物品的问题。如果不放第 i 件物品,那么问题就转化为"前 $i-1$ 件物品放入容量为 v 的背包中",价值为 $f[i-1][v]$;如果放第 i 件物品,那么问题就转化为"前 $i-1$ 件物品放入剩下的容量为 $v-c[i]$ 的背包中",此时能获得的最大价值就是 $f[i-1][v-c[i]]$ 再加上通过放入第 i 件物品获得的价值 $w[i]$。

3. 优化空间复杂度

以上方法的时间和空间复杂度均为 $O(VN)$,其中时间复杂度应该已经不能再优化了,但空间复杂度却可以优化到 O。

先考虑上面讲的基本思路如何实现,肯定是有一个主循环 $i=1..N$,每次算出来二维数组 $f[i][0..V]$ 的所有值。那么,如果只用一个数组 $f[0..V]$,能不能保证第 i 次循环结束后 $f[v]$ 中表示的就是我们定义的状态 $f[i][v]$ 呢? $f[i][v]$ 是由 $f[i-1][v]$ 和 $f[i-1][v-c[i]]$ 两个子问题递推而来,能否保证在推 $f[i][v]$ 时(也即在第 i 次主循环中推 $f[v]$ 时)能够得到 $f[i-1][v]$ 和 $f[i-1][v-c[i]]$ 的值呢? 事实上,这要求在每次主循环中我们以 $v=V..0$ 的顺序推 $f[v]$,这样才能保证推 $f[v]$ 时 $f[v-c[i]]$ 保存的是状态 $f[i-1][v-c[i]]$ 的值。伪代码如下:

for $i=1..N$

  for $v=V..0$

    $f[v] = \max\{f[v], f[v-c[i]] + w[i]\}$;

其中的 $f[v] = \max\{f[v], f[v-c[i]]\}$ 一句,恰就相当于我们的转移方程 $f[i][v] = \max\{f[i-1][v], f[i-1][v-c[i]]\}$,因为现在的 $f[v-c[i]]$ 就相当于原来的 $f[i-1][v-c[i]]$。如果将 v 的循环顺序从上面的逆序改成顺序的话,那么则成了 $f[i][v]$ 由 $f[i][v-c[i]]$ 推知,与本题意不符,但它却是另一个重要的背包问题 P02 最简捷的解决方案,故学习只用一维数组解 01 背包问题是十分必要的。

事实上,使用一维数组解 01 背包的程序在后面会被多次用到,所以这里抽象出一个处

理一件 01 背包中的物品过程,以后的代码中直接调用不加说明。

过程 ZeroOnePack,表示处理一件 01 背包中的物品,两个参数 cost,weight 分别表明这件物品的费用和价值。

procedure ZeroOnePack(cost, weight)

　　for v = V .. cost

　　　　$f[v] = \max\{f[v], f[v - cost] + weight\}$

注意这个过程里的处理与前面给出的伪代码有所不同。前面的示例程序写成 v = V .. 0 是为了在程序中体现每个状态都按照方程求解了,避免不必要的思维复杂度。而这里既然已经抽象成看作黑箱的过程了,就可以加入优化。费用为 cost 的物品不会影响状态 $f[0 .. cost - 1]$,这是显然的。

有了这个过程以后,01 背包问题的伪代码就可以这样写:

for i = 1 .. N

　　ZeroOnePack(c[i], w[i]);

4. 初始化的细节问题

我们看到的求最优解的背包问题题目中,事实上有两种不太相同的问法。有的题目要求"恰好装满背包"时的最优解,有的题目则并没有要求必须把背包装满。一种区别这两种问法的实现方法是在初始化的时候有所不同。

如果是第一种问法,要求恰好装满背包,那么在初始化时除了 f[0] 为 0,其他 $f[1 .. V]$ 均设为 $-\infty$,这样就可以保证最终得到的 f[N] 是一种恰好装满背包的最优解。

如果并没有要求必须把背包装满,而是只希望价格尽量大,初始化时应该将 $f[0 .. V]$ 全部设为 0。

为什么呢? 可以这样理解:初始化的 f 数组事实上就是在没有任何物品可以放入背包时的合法状态。如果要求背包恰好装满,那么此时只有容量为 0 的背包可能被价值为 0 的 nothing"恰好装满",其他容量的背包均没有合法的解,属于未定义的状态,它们的值就都应该是 $-\infty$ 了。如果背包并非必须被装满,那么任何容量的背包都有一个合法解"什么都不装",这个解的价值为 0,所以初始时状态的值也就全部为 0 了。

这个小技巧完全可以推广到其他类型的背包问题,后面也就不再对进行状态转移之前的初始化进行讲解。

前面的伪代码中有 for v = V .. 1,可以将这个循环的下限进行改进。

由于只需要最后 f[v] 的值,倒推前一个物品,其实只要知道 $f[v - w[n]]$ 即可。以此类推,对第 j 个背包,其实只需要知道到 $f[v - sum\{w[j .. n]\}]$ 即可,即代码中的

for i = 1 . . N

   for v = V . . 0

可以改成

for i = 1 . . n

   $bound = \max\{V - \text{sum}\{w[i..n]\}, c[i]\}$

   for v = V . . bound

这对于 V 比较大时是有用的。

5. 小结

01 背包问题是最基本的背包问题,它包含了背包问题中设计状态、方程的最基本思想,另外,别的类型的背包问题往往也可以转换成 01 背包问题求解。故一定要仔细体会上面基本思路的得出方法,状态转移方程的意义,以及最后怎样优化的空间复杂度。

12.3.3　背包问题的应用

例 12.15　饭卡(hdu 2546)　大学本部食堂的饭卡有一种设计,即在购买之前判断余额。如果购买一个商品之前,卡上的剩余金额大于或等于 5 元,就一定可以购买成功(即使购买后卡上余额为负),否则无法购买(即使金额足够),所以大家都希望尽量使卡上的余额最少。

某天,食堂中有 n 种菜出售,每种菜可购买一次。已知每种菜的价格以及卡上的余额,问最少可使卡上的余额为多少。

输入:

多组数据。对于每组数据:

第一行为正整数 n,表示菜的数量,n < =1000。

第二行包括 n 个正整数,表示每种菜的价格,价格不超过 50。

第三行包括一个正整数 m,表示卡上的余额,m < =1000。

n =0 表示数据结束。

输出:

对于每组输入,输出一行,包含一个整数,表示卡上可能的最小余额。

输入样例:

1

50

5

10

1 2 3 2 1 1 2 3 2 1

50

0

输出样例:

-45

32

分析:

这里需要注意的是,要预留 5 元,用来最后买最贵的菜,这样才能使最后的余额最小。这一点弄清楚,题目变成 01 背包了。

代码:

```c
#include < stdio. h >
#include < stdlib. h >


int ZeroOnePack( int price[ ] , int money, int n, int pos) //01 背包解法
{
    int f[1024] = {0};
    for( int i = 1; i < = n ; i + + )
    {
        if( i! = pos)
        for( int j = money ; j > = price[ i ] ; j - - )
        {
            if( f[ j ] < f[ j - price[ i ] ] + price[ i ] )
                f[ j ] = f[ j - price[ i ] ] + price[ i ] ;
        }
    }
    return money - f[ money ] ;
}
```

```
int main( )
{
  int n,money,price[1024];
  while( scanf( " % d" ,&n) = =1 && n)
  {
    int max =0,pos;
    for( int i =1; i < =n; i + + )
    {
      scanf( " % d" ,&price[i]);
      if( max < price[i])//记录最贵的菜的下标
      {
        pos = i;
        max = price[i];
      }
    }
    scanf( " % d" ,&money);
    if( money > =5)
      printf( " % d\n" ,ZeroOnePack( price,money −5,n,pos) − max); //需要预留5元
                                                                    买最贵的菜,
                                                                    money −5
    else printf( " % d\n" ,money);
  }
  return 0;
}
```

例 12.16 完全背包问题 – DP(奥赛一本通)

设有 n 种物品,每种物品有一个重量及一个价值。但每种物品的数量是无限的,同时有一个背包,最大载重量为 M,今从 n 种物品中选取若干件(同一种物品可以多次选取),使其重量的和小于等于 M,而价值的和最大。

输入:

第一行:两个整数,M(背包容量,M < =200) 和 N(物品数量,N < =30);

第 2,…,N +1 行:每行二个整数 Wi,Ci,表示每个物品的重量和价值。

输出：

仅一行，一个数，表示最大总价值。

输入样例：

10　4

2　1

3　3

4　5

7　9

输出样例：

max = 12

分析：

完全背包模版，仔细观察和 0 - 1 背包的区别，就是内循环的顺序。

代码：

```cpp
#include <bits/stdc++.h>
using namespace std;
int w[500],c[500],dp[500];
int v,n;int main(){
    cin>>v>>n;
    for(int i=1;i<=n;i++)
        cin>>w[i]>>c[i];
    for(int i=1;i<=n;i++)
        for(int j=w[i];j<=v;j++)
        dp[j]=max(dp[j],dp[j-w[i]]+c[i]);

    cout<<"max="<<dp[v]<<endl;
    return 0;
}
```

例 12.17　庆功会 - DP - 多重背包

为了庆贺班级在校运动会上取得全校第一名的成绩，班主任决定开一场庆功会，为此拨款购买奖品犒劳运动员。期望拨款金额能购买最大价值的奖品，可以补充他们的精力和体力。

输入：

第一行二个数 n(n<=500),m(m<=6000),其中 n 代表希望购买的奖品的种数,m 表示拨款金额。

接下来 n 行,每行 3 个数 v,w,s,分别表示第 I 种奖品的价格、价值(价格与价值是不同的概念)和购买的数量(买 0 件到 s 件均可),其中 v<=100,w<=1000,s<=10。

输出:

第一行:一个数,表示此次购买能获得的最大的价值(注意！不是价格)。

输入样例:

5 1000

80 20 4

40 50 9

30 50 7

40 30 6

20 20 1

输出样例:

1040

分析:

多重背包模版题,直接用模版即可！

代码:

```cpp
#include <iostream>
using namespace std;
const int N = 1e5+5;
int v[N],w[N],dp[N];//v[n]价值,w[n]重量
int main()
{
    ios::sync_with_stdio(false);
    int n1,v1,x,vi,wi;
    int p = 0;
    cin>>n1>>v1;
    for(int i=1;i<=n1;i++)
    {
        cin>>wi>>vi>>x;
```

```
        int c = 1;
        while(x - c > 0)
        {
          x = x - c;
          v[ + + p] = c * vi;
          w[ p] = c * wi;
          c = c * 2;
        }
        v[ + + p] = x * vi;
        w[ p] = x * wi;
    }
    for(int i = 1;i < = p;i + + )
      for(int j = v1;j > = w[ i];j - - )
      {
        dp[ j] = max( dp[ j] ,dp[ j - w[ i] ] + v[ i] );
      }
    cout < < dp[ v1] < < endl;
    return 0;
}
```

例 12.18　混合背包 - DP(奥赛一本通)

一个旅行者有一个最多能用 V 公斤的背包,现在有 n 件物品,它们的重量分别是 W1,W2,…,Wn,它们的价值分别为 C1,C2,…,Cn。有的物品只可以取一次(01 背包),有的物品可以取无限次(完全背包),有的物品可以取的次数有一个上限(多重背包)。求将哪些物品装入背包可使这些物品的费用总和不超过背包容量,且价值总和最大。

输入:

第一行:二个整数,V(背包容量,V < = 200),N(物品数量,N < = 30);

第 2,…,N + 1 行:每行 3 个整数 Wi,Ci,Pi,前两个整数分别表示每个物品的重量、价值,第 3 个整数若为 0,则说明此物品可以购买无数件,若为其他数字,则为此物品可购买的最多件数(Pi)。

输出:

仅一行,一个数,表示最大总价值。

输入样例:

10 3

2 1 0

3 3 1

4 5 4

输出样例:

11

分析:

混合背包其实很简单:

只有完全背包写法不一样;

0-1 背包和多重背包的写法是一样的,只不过多重背包要分解成普通的 0-1 背包,其实这题数据很小,不分解也行的!

考虑比赛时数据会很强,我还是按照二进制分解了,也不麻烦!

如果是完全背包就直接存储,没有数量的,做一个标记来区分完全背包就好!

代码:

```cpp
#include <bits/stdc++.h>
using namespace std;
int w[201],c[201],flag[201],dp[201];
int main()
{   int x,y,num,p=0;
        int v,n;
        cin>>v>>n;
        for(int i=1;i<=n;i++)
    {
      cin>>x>>y>>num;
      if(num==0)
      {
        c[++p]=y;
        w[p]=x;
        flag[p]=0;
        continue;
```

```
        }
        int c1 = 1;
        while( num - c1 > 0)
        {
            num = num - c1;
            w[ + + p] = c1 * x;
            c[ p] = c1 * y;
            flag[ p] = 1;
            c1 = c1 * 2;
        }
        w[ + + p] = num * x;
        c[ p] = num * y;
        flag[ p] = 1;
    }
    for( int i = 1; i < = p; i + + )
    {
        if( flag[ i] = = 0)//完全背包
            for( int j = w[ i]; j < = v; j + + )
                dp[ j] = max( dp[ j], dp[ j - w[ i]] + c[ i]);
        else //0 - 1 背包和多重背包
            for( int j = v; j > = w[ i]; j - - )
            dp[ j] = max( dp[ j], dp[ j - w[ i]] + c[ i]);
    }
    cout  < < dp[ v] < < endl;
    return 0;
}
```

例 12.19　砝码称重 – DP – 多重背包(洛谷)

设有 1 g,2 g,3 g,5 g,10 g,20 g 的砝码各若干枚(其总重≤1000)。

输入:

输入 6 个数字 ni,代表上面 6 种砝码的数量;ni < 1000

输出:

输出方式：Total = N

（N 表示用这些砝码能称出的不同重量的个数，但不包括一个砝码也不用的情况。）

输入样例：

1 1 0 0 0 0

输出样例：

Total = 3

分析：

多重背包的数量分解成 1 2 4 8 16——倍增的思想——优化后速度快

代码：

```
#include <bits/stdc++.h>
using namespace std;
int a[7] = {0,1,2,3,5,10,20};
int dp[1001];
int w[10001];
int main()
{
    int v = 0, p = 0, k;
    for(int i = 1; i <= 6; i++)
    {   int c = 1;
        cin >> k;
        v += k * a[i];
        while(k - c >= 0)//二进制分解
        {
            k = k - c;
            w[++p] = a[i] * c;
            c = c * 2;
        }
        w[++p] = a[i] * k;
    }
    //下面直接用 0-1 背包就行了
    for(int i = 1; i <= p; i++)
```

```
    for( int j = v;j > = w[ i ];j - - )
        dp[ j ] = max( dp[ j ],dp[ j - w[ i ] ] + w[ i ] );
int ans = 0;
for( int i = 1;i < = v;i + + )//这句是 i < = v 而不是 p
{
if( dp[ i ] = = i )ans + + ;
    //cout < < "i = " < < i < < " = " < < dp[ i ] < < endl;
}
cout < < "Total = " < < ans < < endl;
return 0;
}
```

例 12.20　樱花 – DP – 背包(洛谷)　小明家后院里种了 n 棵樱花树,每棵都有美学值 Ci。小明在每天上学前都会来赏花。小明可是生物学霸,他懂得如何欣赏樱花:一种樱花树看一遍,一种樱花树最多看 Ai 遍,一种樱花树可以看无数遍。但是看每棵樱花树都有一定的时间 Ti。小明离去上学的时间只剩下一小会儿了。求解看哪几棵樱花树能使美学值最高且小明能准时(或提早)去上学。

输入:

共 n + 1 行:

第 1 行:3 个数:现在时间 Ts(几点:几分),去上学的时间 Te(几点:几分),上明家的院里有几棵樱花树 n。

第 2 行 ~ 第 n + 1 行:每行 3 个数:看完第 i 棵树的耗费时间 Ti,第 i 棵树的美学值 Ci,看第 i 棵树的次数 Pi(Pi = 0 表示无数次,Pi 是其他数字表示最多可看的次数 Pi)。

输出:

只有一个整数,表示最大美学值。

输入样例:

6:50 7:00 3

2 1 0

3 3 1

4 5 4

输出样例:

11

分析：

就是混合背包的题目，直接做就行，如果是 T，就用二进制进行优化！

代码：

```cpp
#include <bits/stdc++.h>
using namespace std;
const int N = 1e4 + 5;
int w[N], c[N], k[N], dp[N];
int main()
{
    int s1, e1, s2, e2, v, n;
    scanf("%d:%d", &s1, &s2);
    scanf("%d:%d", &e1, &e2);
    cin >> n;
    v = (e1 - s1) * 60 + (e2 - s2);
    for(int i = 1; i <= n; i++)
    cin >> w[i] >> c[i] >> k[i];
    for(int i = 1; i <= n; i++)
    {
        if(k[i] == 0)
            for(int j = w[i]; j <= v; j++)
                dp[j] = max(dp[j], dp[j - w[i]] + c[i]);
        else
        {
            for(int t = 1; t <= k[i]; t++)
                for(int j = v; j >= w[i]; j--)
                dp[j] = max(dp[j], dp[j - w[i]] + c[i]);
        }
    }
    cout << dp[v] << endl;
    return 0;
}
```

12.4　作　　业

1. Bone Collector. (hdu2602. http://acm. hdu. edu. cn/showproblem. php? pid = 2602)

2. Charm Bracelet(poj3624. http://poj. org/problem? id = 3624)

3. Robberiest(hdu2955. http://acm. hdu. edu. cn/showproblem. php? pid = 2955)

参 考 文 献

[1]胡凡,曾磊.算法笔记[M].北京:机械工业出版社,2016.

[2]黄新军,董永建,赵国治,等.信息学奥赛一本通提高版[M].福州:福建教育出版社,2018.

[3]李煜东.算法竞赛进阶指南[M].郑州:河南电子音像出版社,2018.

[4]秋叶拓哉,岩田阳一,北川宜稔.挑战程序设计竞赛[M].巫泽俊,庄俊元,李津羽,译.北京:人民邮电出版社,2013.

[5]林厚从.信息学奥赛课课通[M].北京:高等教育出版社,2018.

[6]刘汝佳.算法竞赛入门经典[M].北京:清华大学出版社,2009.

[7]王建德,吴永辉.实用算法分析与程序设计[M].北京:人民邮电出版社,2008.

[8]吴昊.ACM 程序设计教程[M].北京:中国铁路出版社,2008.